21世纪全国高等院校设计学专业 21 SHIJI QUANGUO GAODENG YUANXIAO SHEJIXUE ZHUANYE
[规划教材]GUIHUA JIAOCAI

XIANDAI BANSHI SHEJI

现代版式设计

主　编　苗红磊（曲阜师范大学）
周作好（钦州学院）

副主编　郝元峰（清华大学）
运梅园（北华大学）

编　委　（按姓氏笔画）
王　琳（曲阜师范大学）
刘思慧（华中师范大学）
蔡卫东（临沂大学）
李　帅（钦州学院）
肖　巍（华中科技大学）
修　茹（曲阜师范大学）
傅　旭（淄博师范高等专科学校）
翟　玮（淄博师范高等专科学校）

西南交通大学出版社
·成　都·

图书在版编目（CIP）数据

现代版式设计 / 苗红磊，周作好主编. —成都：西南交通大学出版社，2014.2

21世纪全国高等院校设计学专业规划教材

ISBN 978-7-5643-2878-8

Ⅰ. ①现… Ⅱ. ①苗… ②周… Ⅲ. ①版式－设计－高等学校－教材 Ⅳ. ①TS881

中国版本图书馆 CIP 数据核字（2014）第 022686 号

21世纪全国高等院校设计学专业规划教材

现代版式设计

主编 苗红磊 周作好

责任编辑	吴 迪
封面设计	墨创文化
出版发行	西南交通大学出版社 （四川省成都市金牛区交大路 146 号）
发行部电话	028-87600564 028-87600533
邮政编码	610031
网 址	http: //press.swjtu.edu.cn
印 刷	四川省印刷制版中心有限公司
成品尺寸	210 mm × 285 mm
印 张	8
字 数	164 千字
版 次	2014 年 2 月第 1 版
印 次	2014 年 2 月第 1 次
书 号	ISBN 978-7-5643-2878-8
定 价	44.00 元

前言

版式设计是视觉传达设计中重要的环节，任何平面设计都离不开对版式设计的研究与学习。今天，版式设计已成为现代视觉传达设计教学中必不可少的课程。

南齐谢赫曾在《画品》中提出“六法”：“气韵生动，骨法用笔，应物象形，随类赋彩，经营位置，传移模写”，很好地提供了一个初步完备的中国绘画理论体系——从表现对象的内在精神，到表达对客体的情感和评价，再到刻画对象的外形、结构和色彩，以及构图和摹写作品等。自此，中国古代绘画进入了一个理论自觉的时期，“六法”也成为后世画家衡量绘画成败高低的标准。从艺术的共性来看，“六法”理论同样适用于平面设计。其中，“经营位置”就包含着一种设计观，也从一定角度阐释了版式设计的任务：“经营”原意为营造、建筑，“经”是度量、筹划，“营”是谋划，比喻作画之初的布置构图；“位置”作名词是指所处的地位、方位，作动词则是安排或布置。唐代张彦远说“至于经营位置，则画之总要”，他将安排构图看作绘画的提纲统领。构图须费尽心思安排，把构图和构思看作一体，这是很深刻的见解，也是中国传统文化中蕴含的设计精髓。

现在的版式设计教材种类繁多，优劣参半。本书在写作过程中集众家所长，尽量遵循设计教育的特点与规律，寻找自己的写作思路。全书共分八章，全面而概括地将版式设计的历史、原理、规律以及各元素的理论做了详细的介绍，并配有200多幅最新的设计作品图例。其中，值得一提的是增加了版式设计历史的篇幅。因为历史对任何一个学科的学习来说，都有着举足轻重的作用。不了解设计历史，就无法了解设计的脉络，就无法破解设计的基因，就无法解读设计的表现，更无法展望未来设计的发展。在设计教学中最不应忽略的就是对设计历史的研究。另外，版式设计的文字理论、图形理论、色彩理论、页面理论等都将在各分章节予以详解，写作时也避免了简单罗列条目的粗略形式，尽量做到详略分明、理论与实际结合。

本书写作历时一年半，是老师们在繁忙的教学课余中的集体成果。为了更好地配合教学，本教材配备了教学课件，请通过邮箱286101462@qq.com验证获取。限于写作水平，书中瑕疵纰漏难免，望各位专家、学者予以批评指正。

苗红磊

2013年初夏于日照海滨

目 录

第一章

版式设计概述

版式设计，是指视觉元素在平面空间中的构成，即在一定的版面中，有目的地运用各种设计元素，如文字、图形、图表、色彩等加以组织优化的构成方式，也称编排设计、版面构成。

版式设计是视觉传达设计中一个重要的组成部分。从微观来讲，版式设计是平面设计的专业基础课程，其涉及的空间、形态、色彩、力场等艺术规律，对画面视觉元素的构成方式有着重要的作用。从宏观来讲，任何视觉传达设计，如报纸、杂志、书籍、包装、广告和网页等都离不开版式设计。对视觉元素及表现方式进行深入研究，将为视觉设计艺术的学习奠定基础。

版式设计是设计内容的具体化。一种规划性、整体观的设计构成形式，需要考虑如何把各种元素内容进行有机的结合，了解重复、对称、均衡、对比、疏密、虚实等艺术形式规律，通过一种具有审美性的结构编排形式，使其不仅能够准确地表现内容，还应具有一种特定的美学气质。

总之，版式设计研究的是视觉语言的叙事方式及艺术风格，其目的是结合理性的逻辑思维和感性的个性化表达，使设计内容在特定的媒介空间中，在传达信息的同时也能具有独特的艺术魅力。

第一节 版式设计发展史

版式设计伴随着社会文明的进步而发展，也伴随着人类信息交流方式的扩大而改变。不同地域、不同文化、不同时期，版式设计呈现出不同的面貌。每一个时代的版式设计都代表了当时的文化与审美，都需要我们站在历史背景中去了解它的产生、发展和对后世设计的作用。

从大地域来讲，因不同文化形态和审美方式，东西方在版式设计的发展历史上各自形成了不同的审美体系。

一、中国的版式设计发展史

中国文化源远流长，在漫长的发展演绎中，中国文化形成了自身特有的存在价值和意义。探讨东方的版式设计，离不开对文字、纸张、印刷术以及书籍等文化形态的历史研究。

1. 版式的最初萌芽

中国汉字是世界上最古老的文字之一。中国文字从半坡彩陶中的刻画符号开始，经过二三千年漫长的孕育、发展，到商王朝时期形成了非常完整的甲骨文系列。甲骨文又称契文、龟甲文或龟甲兽骨文，是中国商代用于占卜记事而刻在龟甲和兽骨上的文字。甲骨文是中国古代文字发展演变的基础，也是现代汉字的雏形。在此后的漫长历史中，中国文字先后经历了大篆、小篆、隶书、楷书、草书等书体的演变，直到现代形成我们今天的汉字，其生命力与延续性在世界上是独一无二的（图1-1）。

甲骨文刻于龟甲与兽骨之上，由上至下直行排列，或从右至左（从左至右）横行排列，已颇具篇章布局之美。甲骨卜辞的摆放似乎有一定的顺序，《尚书·多士》中有“惟殷先人有册有典”的记载，其中“册”“典”字的含义就是指将刻有文字的竹简串联在一起，这何尝不是中国版式设计的滥觞。

简策大约是中国最早出现的书籍形态，出现于殷商时期。在造纸术发明以前，中国古代的文字记载主要是用墨写于竹木片上。单独的竹木片叫作“简”，若干“简”串联起来叫作“策”（“册”）。西晋杜预在《春秋经传

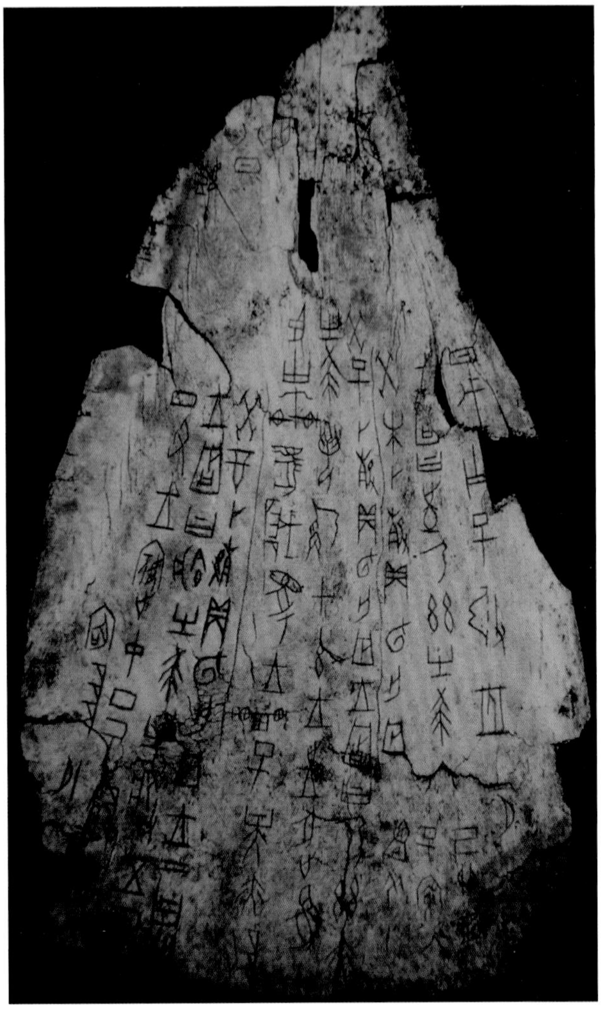

图1-1 刻有文字的兽骨

集解序》中说："大事书之于策，小事简牍而已。"这种用竹木做书写载体的"简策"，成为中国早期比较完整的书籍形态。春秋战国时期，书写材料又出现了帛、缣等丝织品，于是有了帛书、缣书的形式，特点是质轻、易折叠、书写方便，其装帧形制是缝边后成卷存放（图1-2、图1-3）。

2. 造纸、印刷术与版式设计的发展

造纸术与印刷术的发明，在中国文化的发展历史中有着举足轻重的作用。从现有实物资料来看，中国在西汉时期就开始了纤维纸的制造。东汉时候，蔡伦对造纸技术进行了改进，大大提高了纸的质量。据《后汉书·宦者列传》记载，蔡伦"用树肤、麻头及敝布、渔网以为纸"。东晋时造纸术传到长江流域，当地丰富的造纸原料也得以使纸张生产进一步发展。唐、宋时期对造纸技术的继承与发展开始了我国手工造纸的全盛时期，造纸原料扩大到藤、桑皮、竹、稻、麦草等各种材料，纸质也越加精细，光滑莹白，经久耐用。经过元、明、清数百年的发展，到清代中期，我国手工造纸已相当发达，工艺先进，品种繁多，为中华文化的传承发挥了重要作用。

汉字书写的不断规范，雕刻技艺的不断完善，以及笔、墨、纸张的发展，使印刷术的发明成为可能。印刷术的雏形是新石器时代陶器上图案的拍印与压印。陶器拍印、印章封泥、模印砖瓦、织物印刷和碑刻拓印等与印刷术有着密切的关系，对印刷术的发明也都起着重要的作用。

根据文献记载和留存实物证明，最早的印刷方式——雕版印刷术大约发明于隋末唐初。在《历代三宝记》中有隋文帝于开皇十三年（593）倡导佛教，下令"废像遗经，悉令雕撰"的记载，就是指雕印佛经。唐代佛教鼎盛，利用雕版印刷刻印了大量佛经和书画。1974年，在西安市郊唐初墓葬中出土的印刷品实物——梵文《陀罗尼经》，距今已有一千三百余年的历史，虽残缺不全，但部分文字仍很清晰。1975年，西安唐墓出土的汉文《陀罗尼经》印于唐玄宗时期，保存较为

图1-2　战国包山楚简

图1-3　长沙马王堆汉墓出土帛书《天文气象杂占》

完整，版式呈中心对称，中部为陀罗像，四周是经文，最外沿装饰有形态各异的佛家手势（图1-4）。甘肃敦煌莫高窟藏经洞的发现向我们展示了中国古代印刷的辉煌。敦煌藏经洞中的印刷品有佛经、佛画、历日、韵书等，这些印刷品件件精美，过目难忘。其中，唐刻本经卷《金刚般若波罗蜜经》首尾完整，卷首有雕刻精美的插图，卷尾刻印年代及印施者姓名，卷轴装，精良的刻工和浓重的墨色凸显出印刷水平的高超，是国内发现的最早、最完整的木刻印刷物。经折装是唐代出现的佛经装帧形式，由中国的卷轴装与印度佛经的梵夹装结合而来，一正一反的折叠版式成为中国传统书籍装帧的典范。隋唐时期雕版印刷促进了印刷版式的成型，也使中国传统版式形成了自己的面貌（图1-5）。

图1-4　西安出土唐代汉文《陀罗尼经》

宋代近三百年的历史中，由于社会经济的恢复和发展，统治阶级奉行重文轻武政策，注重收藏、编撰和整理图书，社会学术活跃，文化繁荣，使印刷业也得到

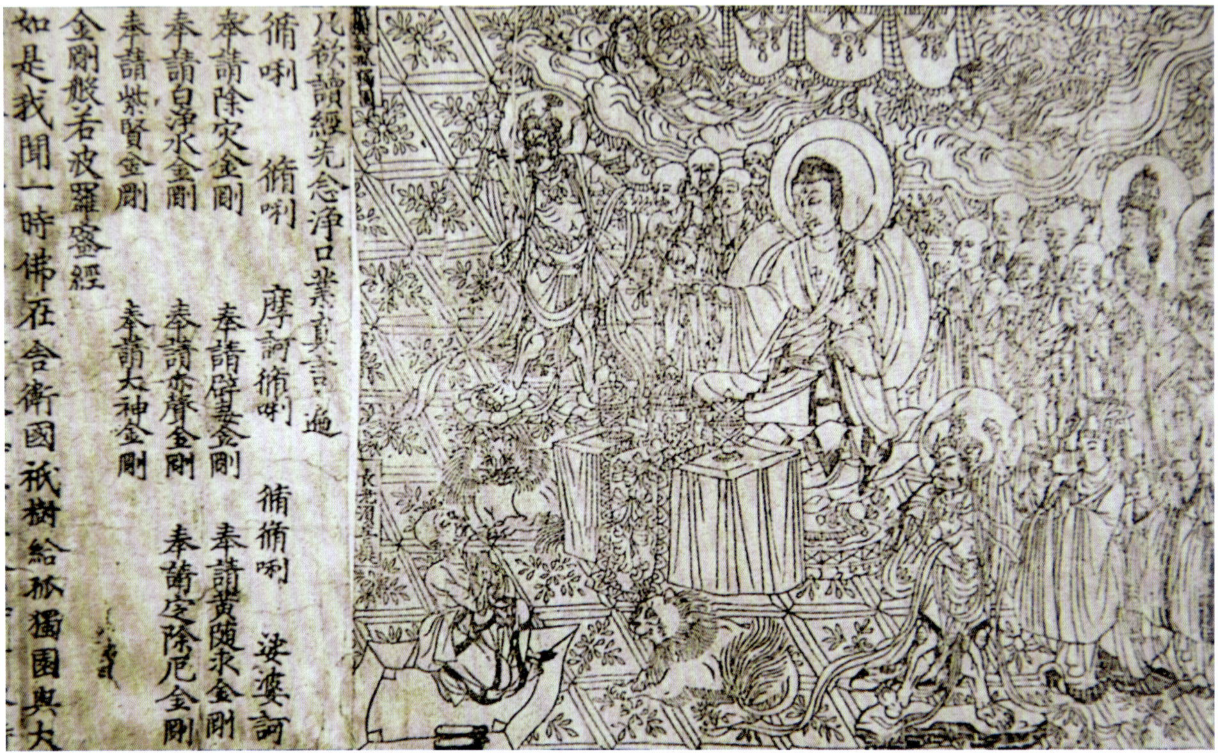

图1-5　唐刻本经卷《金刚般诺波罗蜜经》局部

了空前的发展。宋代雕版印刷技术已经成熟，无论书写还是刻印都相当精美，并且形成了鲜明的时代特征。这时期的印刷也逐步从佛经转向了经史子集等各门类书籍。苏轼谈国子监印书时说：“诸子百家之书，日出万纸。”民间作坊印刷的兴起也使印书本开始成为商品，形成了历史上最早的书籍销售流通系统（图1-6）。

宋代还将印刷应用到了钱币、商标、广告等领域。北宋时期四川曾出现一种印制的钱币“交子”，它是世界上最早的纸币形式。这张交子的版式是分上中下三部分：最上部是圆形的方孔纹装饰，中部是说明文字，下部是市井商品交易的场面。布局合理，图文并茂，已颇具现代设计之感（图1-7）。另外，流传至今的北宋“济南刘家功夫针铺”雕刻铜版，也是我国目前发现最早的印刷商标或广告的刻版。此版中心“白兔”突出，采用对称构图，黑白对比强烈，图文编排合理，既是产品商标，又是产品广告，同时还作为包装使用，可以说是

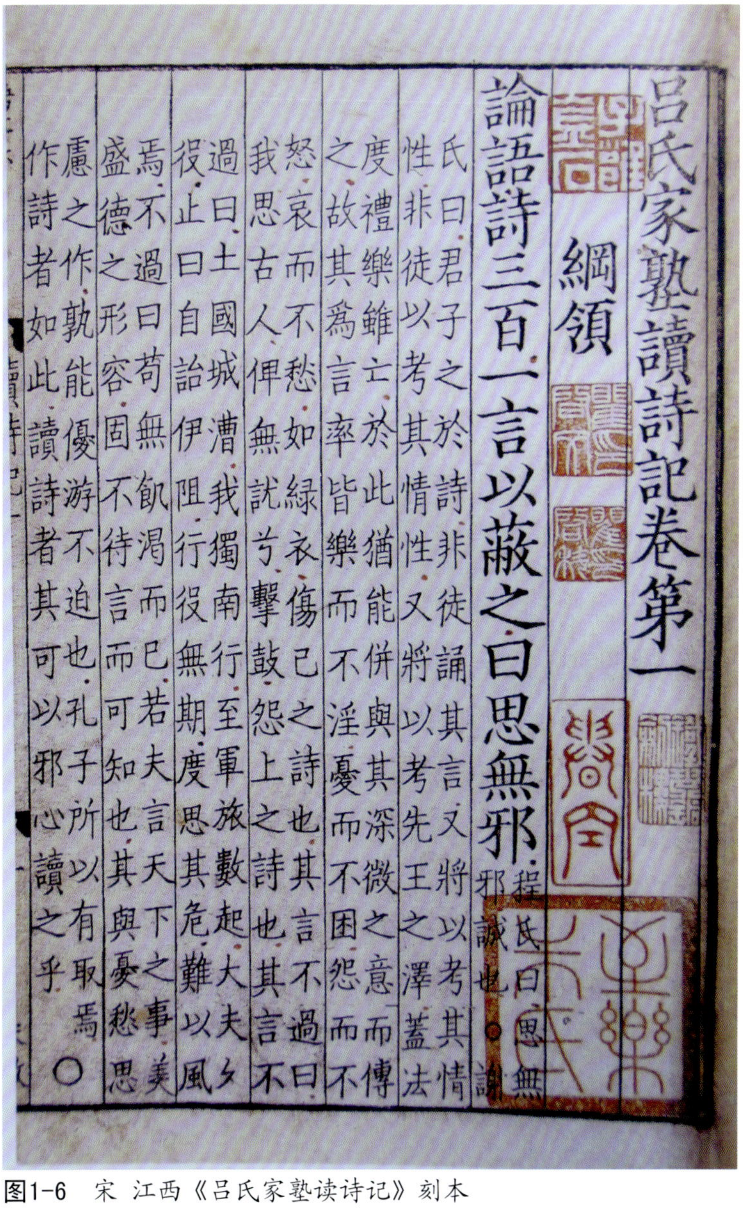

呂氏家塾讀詩記卷第一

論語詩三百一言以蔽之曰思無邪 程氏曰思無邪誠也

綱領

氏曰君子之於詩非徒誦其言又將以考其情性非徒以考其情性又將以考先王之澤蓋法度禮樂雖亡於此猶能併與其深微之意而傳之故其爲言率皆樂而不淫憂而不困怨而不怒哀而不愁如綠衣傷己之詩也其言不過曰我思古人俾無訧兮擊鼓怨上之詩也其言不過曰土國城漕我獨南行至軍旅數起大夫久役止曰自詒伊阻行役無期度思其危難以風焉不過曰苟無飢渴而已若夫言天下之事美盛德之形容固不待言而可知也其與憂愁思慮之作孰能優游不迫也孔子所以有取焉作詩者如此讀詩者其可以邪心讀之乎 ○

图1-6　宋 江西《吕氏家塾读诗记》刻本

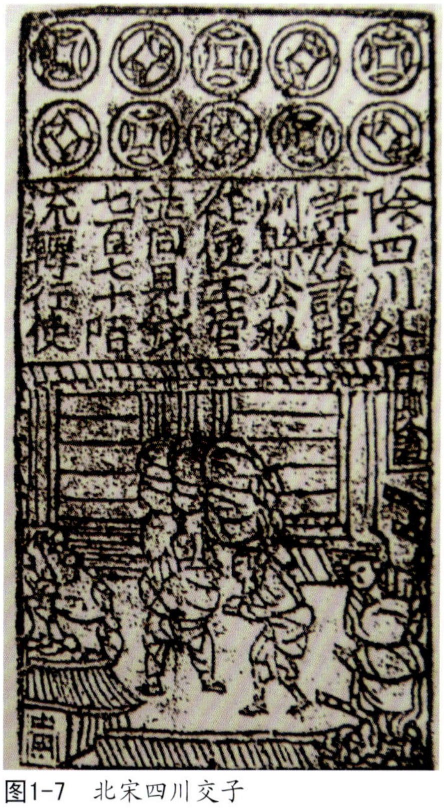

图1-7　北宋四川交子

中国古代商业发展中版式设计的典范（图1-8）。

北宋毕昇发明活字印刷是印刷史上的一次革命。活字印书使得印刷的周期缩短，成本降低，大大促进了印刷术的进一步发展。到了12世纪，中国古代印刷术已经达到很高水平，出现了泥活字、木活字和金属版印刷。元明清三代，印刷技艺更为精良，印刷地域更广，印刷品种更多，双色和彩色印刷应运而生。民间印刷作坊为了适应不同阶层的需要，开始印刷平话、故事、戏曲以及棋书、茶书等通俗读物。不但数量多，而且印刻精良，多配有精美的插图。造纸术和印刷术的发展，为中国古代纸质形态的媒介版式的改善起到了重要的促进作用，其传统的版式形态和装订方式也对后来的版面设计产生了重要的影响。

3. 近代中国的版式设计发展

19世纪中叶，西方文化开始传播到中国。随着文化与商业活动的频繁，商业广告得到了前所未有的发展，这也使中国原有的版式艺术开始融入西方的设计形式。中文报纸的创办，为新时期的版式设计提供了探索空间，在上海、香港、澳门等地都有中文报纸创办。1861年，上海成立第一家商业中文报纸《上海新报》，开创了图文广告版式的先例。1868年，英美传教士创办的《中国教会新报》也开始刊登洋行广告。19世纪70年代以后，带有广告版面的报纸陆续创刊，其中在上海历时最长、影响最大的是英商在1872年

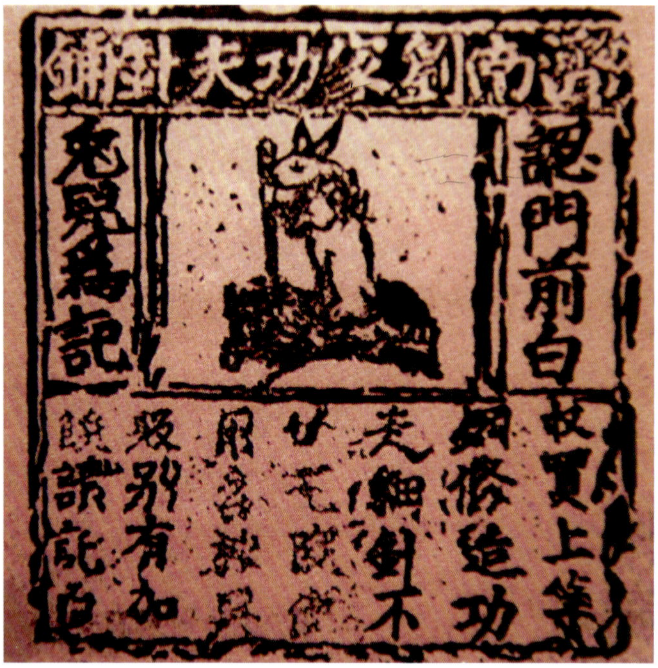

图1-8　宋代“济南刘家功夫针铺”印件

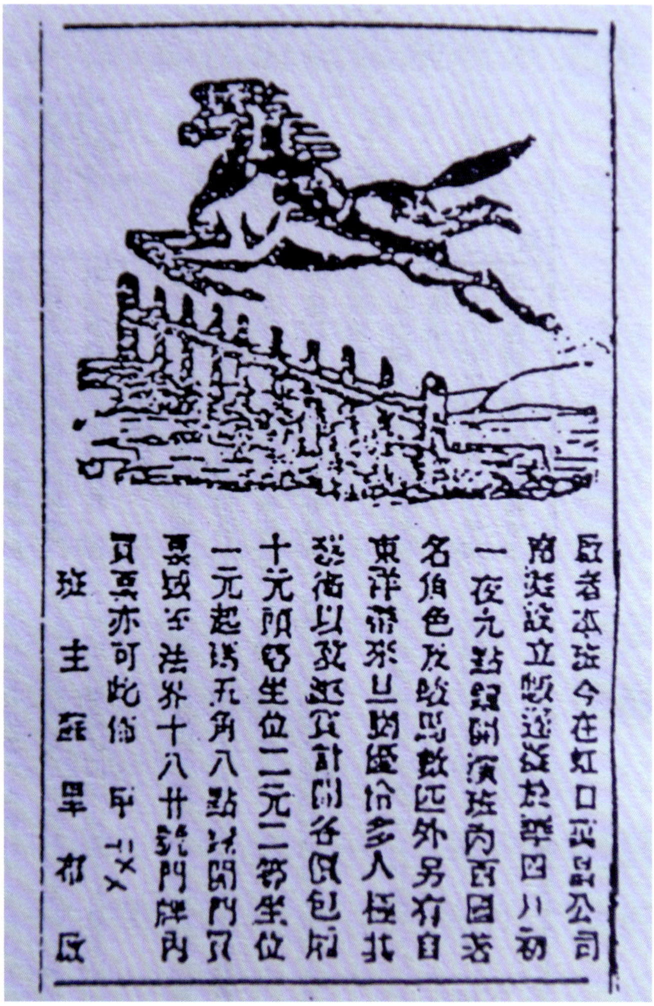
图1-9　《申报》马戏班演出广告

图1-10　老广告画

图1-11　民国时期广告

创办的《申报》，它是当时广告刊登量最大的报纸之一（图1-9）。20世纪初，一种流行的广告招贴——月份牌（俗称“老广告画”），以戏曲人物、时装女性、花鸟鱼虫为题材，彩色印刷，图文并茂，成为深受商家青睐的一种形式（图1-10）。民国时期，随着商业活动的扩大，各种广告遍布城市大街小巷。由此，中国的版式构成也开始从传统向现代转变（图1-11）。

20世纪初的中国风云变幻，五四运动及新文化运动开始了中国天翻地覆的变革。东西方文化的碰撞，促使更多的知识分子、学者把东方传统和西方思想大胆融合。这段时期，各种报纸和杂志逐步扩展到社会、文化、生活等各个方面，也成为当时新文化思想最理想的视觉载体。

随着文学作品的大量涌现，文学家、诗人开始关注书籍的装帧设计，新的书籍形态、新的排版格式、新的简化文字都使当时的书籍面目一新。文人学者也直接参与到书籍设计中。胡适先生的新诗集《尝试集》是当时最具代表性的文学作品，其封面是胡适用书法字体竖排

图1-12 《尝试集》

三行构成，别致的字体大胆居中，并启用白话称谓，版面大气舒畅，朴素淡雅，极具东方意境（图1–12）。与胡适同时代的鲁迅先生是当时新装帧实验的领导者，他不仅将国外优秀的作品介绍到中国，还自己设计书籍装帧。鲁迅的《呐喊》封面在大面积暗红色的底色上垂直居中处设计了黑色线框和字体，仿佛是黑暗社会中禁锢的铁窗。在他的影响下也涌现出了一批杰出的书籍封面设计师。另一位诗人和书籍装帧大家是闻一多先生。闻一多早年留学美国学习艺术，这使他在艺术上能够中西合璧，融会贯通。他在诗集《死水》的封面设计上，大胆突破：封面右上部简单的线框和简单的书名，使书籍显现出文雅的书卷气，而线框向右大胆的出血则使版面更具有挑战性及创造性。在为徐志摩《猛虎集》设计的封面中，闻一多采用中国水墨的表现形式，以抽象斑驳的笔触刻画了一张虎皮，简约、含蓄、大胆，极富创意（图1–13）。

中国近代版式设计是在西学东渐的过程中逐步形成的。在不断地模仿与碰撞、借鉴与融合中，中国的版式设计逐渐形成了自己的风格和面貌。

二、西方20世纪版式设计史

西方20世纪的版式设计与西方平面设计的发展一脉相承，而西方平面设计又与西方的现代艺术有着千丝万缕的联系。从19世纪末英国工业革命运动开始，西方的现代版面设计理论逐步形成。

图1-13 《猛虎集》

20世纪西方现代艺术运动对版式设计产生着变革性的影响。西方现代艺术在工业文明、科技发展以及现代主义哲学、心理学等发展的基础上，突破了艺术的历史局限，直接影响了版式设计的表现形式。西方立体主义、未来主义、达达主义、超现实主义、风格派、构成主义和波普艺术等艺术流派，无论从形式上，还是意识上都直接或间接地影响着版式设计的视觉传播方式，为版式设计的发展提供着借鉴作用。现代艺术凭借其自由和独立的思想，以超凡的想象力和创造性改变了人们对版式设计的视觉印象。

1. 立体主义

立体主义运动起源于法国印象派大师塞尚，它是一种超越传统视觉方式的视觉造型体系。

立体主义运动开创了新的观察与表现方法，在继承了塞尚对画面结构进行理性分析的成果后，立体主义否定了传统中真实描绘与三度空间的表现手法，改用面的转换来表达空间与透视。通过对空间与物象的分解与重构，建立起了一种在空间、时间中对形体的新观察方法和新表现手法——“共时性视像”的视觉语言。立体主义画家重视直线的应用，运动基本形体进行几何学上的构图。立体主义的价值，在于它从形式和空间等方面创造了一种全新的、反自然主义的造型语言和表现形式。他们消减了作品描述性的成分，组织了一种几何化倾向的画面结构，并将同一形象从多个不同的角度观察得到的视像融入到同一个画面上，从而打破了抽象与具象之间人为地被割裂，也彻底改变了人们传统意义上的视觉图式。立体主义在艺术史上是有划时代意义的，它为后来的各种艺术探索和表现奠定了基础（图1-14）。

图1-14　立体主义画家勃拉克《小提琴和陶罐》

2. 未来主义

未来主义运动是20世纪初在意大利出现的一场现代主义运动，其思想根源来自当时欧洲流行的无政府主义思潮。在艺术表现上，未来主义最为突出的就是对能量与速度的赞美。他们认为宇宙动力论必须作为一种动力感呈现在艺术的表现中。“世界的光辉被一种美的形式丰富了，这就是速度的美。”

未来主义的思想对平面设计产生了极大的影响。未来主义对传统的写作和印刷版式进行了彻底的革命，其变革主要体现在未来主义诗歌的创作上。未来主义的诗歌创作大多是违反语法和句法的，在无法读通的作品中，版式设计的反正规编排成为他们所提倡的方式。他们认为，写作与印刷版式本身就可以成为具体的视觉表达形式。他们在一个版面上用三到四种油墨、二十多种字体，来增加字词的视觉表现能力。版式上抛弃了以往严格的横、竖结构，用动态的、非直线构图将字词安置在他们认为合适的位置，以增加版式的活泼性与运动感。这种板式编排，形式自由，纵横交错，杂乱无章，字体各种各样，大小不一，无论是内容还是排版，都无拘无束。他们还抛弃了传统句子的结构、文法和标点法，认为文字已不再是表达内容的工具，而成为视觉因素或结构材料。

未来主义的“自由印刷版式”的视觉效果，对后来的视觉传达设计产生了重要的影响（图1-15）。

3. 达达主义

达达主义是发端于瑞士的一种虚无主义运动，包括艺术家、诗人和作家等都参与其中。达达主义否定理性和传统，提倡非理性、无理想、偶然性、杂乱无章、不受任何法则约束的完全自由的艺术状态。达达主义的艺术作品荒诞无稽，音乐毫无旋律，诗歌毫无意义，绘画随意拼贴。他们用废印刷品、照片、垃圾以及其他材料进行偶然的剪辑拼贴，形成了一种有着强烈设计特征的视觉艺术。

在平面设计中，达达主义与未来主义有相似之处。其中最大的影响在于利用拼贴方法设计版面，利用摄影拼贴创作插图。版面编排上重视视觉效果，把文字、版面、插图当作表现的游戏因素，编排自由，没有规律。达达主义对于传统的大胆突破，对偶然性、机会性的强调，对于传统版面形式的突破，都对现代版面设计具有重大的影响（图1-16）。

4. 风格派

风格派运动产生于荷兰，代表人物是蒙德里安。蒙德里安受数学家关于宇宙“水平与垂直正交”理论的影响，认为视觉艺术是通过均

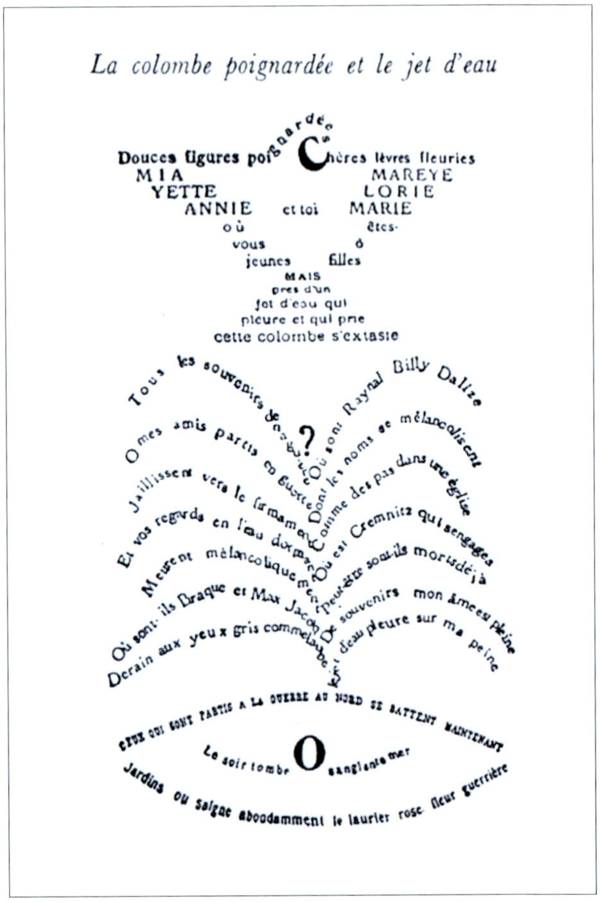

图1-15　阿波利涅诗歌《书法》版面设计

衡的动态运动达到的。造型艺术证实均衡只能通过不相等的但等量的对立平衡建立的。只有把丰富多彩的自然压缩成为一定美的秩序的造型表现，才能使艺术成为一个精确表达宇宙基本特征的手段。他把形体和造型词汇归纳为直线、正方形和长方形，色彩也简化为三原色和黑、白色。利用这些有限的手段，其作品也形成了绝对和谐、不对称的平衡构图。

图1-16 哈那霍什照片拼贴《杜-达迪》

图1-17 杜斯伯格1922年设计的《风格》杂志封面

另外，杜斯伯格、里特维尔等也在风格派运动中发挥了很大作用。杜斯伯格的作品强调纵横结构，几何性与数理性，力求以“减少主义”的设计形式来确立平面设计的国际风格。他创办了《风格》杂志，简单的纵横编排方式、无装饰线字体，除了黑白方块以外几乎没有其他装饰，以非对称版面实现了视觉的平衡（图1-17）。

5. 构成主义

构成主义对于20世纪的版面设计有着巨大的影响。在第一次世界大战前，艺术家马列维奇就创造了新的非写实的完全几何形的抽象表现风格，发展出一种在白色背景下进行几何构图的抽象艺术。马列维奇认为，他的抽象表现可以运用到任何有用物体的表面。在其影响下，艺术家里西斯基也发展出了一种在平面空间中表现三维立体幻觉的表现风格。此后，他把自己的研究方向放在了综合照相、版式、印刷、视觉传达设计等方面，并设计了一大批颇具历史影响的作品。他的作品采用分割、组合、剪贴、骨骼排列的手法处理。形式上主要是利用点、线、面和色彩处理，注重构成要素的组合规律和传达信息的功能性，以理性、简洁的几何图形，追求秩序美、形体美、节奏美和抽象美，开创了现代版面构成的先河。

德国人约翰·契肖德在构成主义的基础上，强调版面设计的功能，要求版面独辟蹊径。其设计原则是彻底脱离传统，追求版面不对称，大胆运用版面强烈的明暗对比，摒弃繁杂的装饰纹样。在字体上采用无饰线体，运用块面和较粗的线条突出主题。另外，设计家罗钦科也在自己的设计中创造了强有力的几何结构，利用大面积的纯色和简洁易读的印刷字体构成自己的设计风格。构成主义风格的版式是将各种元素进行拆解、重构，打破了传统编排语法，其特点是无装饰、简单、明确和理性（图1-18、图1-19）。

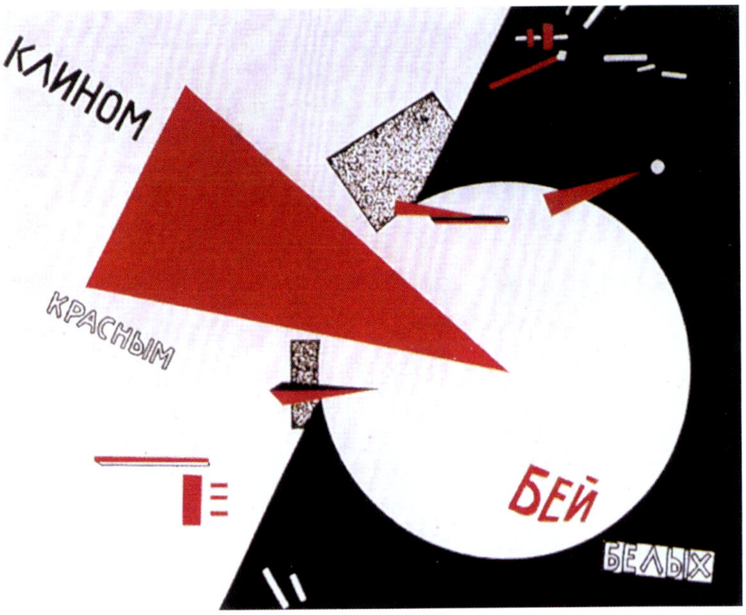

图1-18　李西斯基设计的构成主义海报《用红色的锲子打击白军》

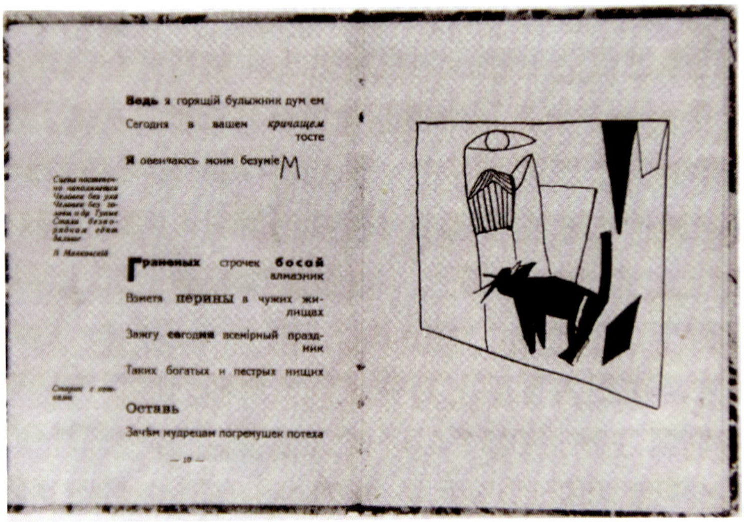

图1-19　俄国构成主义平面设计家布留克兄弟1914年设计的书籍

6. 包豪斯

1919年，格罗皮乌斯创立了国立魏玛包豪斯设计学院，成为现代设计教育的先驱，其形成的包豪斯设计风格和设计教育体系对当代设计艺术也产生了深远的影响。

包豪斯的平面设计追求简单的版面、简洁的字体、清晰的信息传达效果，特点与“风格派”和构成主义一脉相承。包豪斯强调“少则多”的思想，也影响和促进了新版面风格的形成。如康定斯基点线面的抽象理论，使版式构成确立了科学和理性的审美依据。包豪斯平面风格代表人物纳吉对图版设计不断探索，创立了不少新的手法，对平面设计也产生了巨大的影响。他的版式设计主张以解决问题为目标，形式上采用几何形、非具象、非装饰的简单结构，构图不对称，组合上讲究拼贴和摄影穿插构成，尤其是抽象摄影的运用使版面风格更具现代感。赫伯特·拜耶负责包豪斯的印书设计系，他设计了大量广告牌、促销广告和标志等。拜耶最大的贡献是对德国字体设计的改革，他把当时德国古老繁琐的哥特式字体改为无边饰、简洁的新字体。在版式上，他实验了左面齐平、右边参差不齐的排字方式，用短粗线、细线、圆点和方块细分空间，统一了各种元素，在隐含的网格上开放构图、活字大小、细线和图画形象的系统，为设计带来了新的统一。

包豪斯现代设计风格后来传播到美国、瑞士、荷兰、匈牙利和日本等国，深深地影响了这些国家的广告、版面、包装以及建筑、摄影、日用品等设计（图1-20、图1-21）。

7. 二战后的设计发展

20世纪50年代，一种新的平面设计风格在瑞士形成，被称为“瑞士平面设计风格”。由于这种风格简单明确，传达功能准确，很快在全世界流行，成为二战后影响最大、在国际上最流行的设计风格，也被称为“国际主义平面设计风格”。国际主义平面设计风格的特点是力图通过简单的网格结构和近乎标准化的版面公式来达到设计上的统一。这种风格是以网格为基础，采用非对称式，将文字、插图、标志等各种平面要素规范地安排在这个框架中，实现公式化、标准化的视觉特点。50年代以后，面对美国的商业文化和大众的客观需求，纽约的平面设计师开始了现代平面设计的探索，并形成了自己的独特风格，被称为“纽约平面设计学派”。此学派重视思想的表现、观念的独创性和对信息坦率、直接的传达，寻求在设计中同时满足信息传达和个性展示的两种需要（图1-22）。

国际主义设计是现代主义设计在二战后的发展，在设计风格上两者一脉相称，都具有形式简单、反装饰、强调功能、高度理性化的特点。受现代主义设计影响，现代主义

图1-20　纳吉1925年设计的《包豪斯丛书12》封面

图1-21　朱斯特史密斯1929年设计《包豪斯》杂志封面

版式设计风格同样强调“功能决定形式”的法则，以简单的几何抽象和简洁的文字，结合摄影以及骨骼编排等法则组织画面，以传达信息传达为目标。20世纪60年代末和70年代初，一场以改变国际主义设计单调形式的后现代主义设计开始。后现代主义设计是对现代主义、国际主义设计的一种改良，主张以符号化和装饰手法达到视觉上的丰富来满足人们日益变化的心理需求，而不仅仅是单调的功能主义。在平面设计中，字体、编排都采用折衷的、玩笑式的方法，使设计充满了生动性和游戏性。80、90年代，计算机开始广泛用于平面设计中，为版式设计提供了更大的舞台，信息技术和互联网的应用，又为版式设计带来了前所未有的发展空间。

图1-22 瑞士巴尔莫1928年设计的海报，奠定了国际主义平面设计诶的基础

第二节 版式设计的基本原则

版式设计的最终目的是使读者能清晰、有条理地进行阅读，既能有利于读者准确理解所要表达的主题内容，又能使读者得到一种视觉上的审美愉悦。版式设计是内容与形式的统一、理性与感性的结合，因此需要设计者掌握其基本的设计原则。

第一，主题鲜明，内容与形式统一。版式设计的形式必须符合设计主题思想。无论怎样的设计构思，设计形式都应始终围绕主题，符合主题的意境，通过完美、新颖的形式来表达主题，以达到最佳的诉求效果。也只有把内容与形式有机地统一，着眼整体布局，考虑细节安排，才能达到版面设计的最高境界。

第二，优化布局，整体与局部和谐。版式设计是将视觉元素如文字、插图、色彩、图表等多种信息作整体编排设计，因此将各种视觉要素在编排结构及色彩上做优化设计，在整体观念下安排各视觉构成要素，应主次分明、各行其职、互为作用，以求最优的传达效果。

第三，大胆创意，个性与气质共存。版式设计没有固定模式可循，设计应根据不同内容和不同读者，寻求最有特色的视觉效果。因为版式设计的目的不仅仅要满足特定观者的顺利阅读，还应使观者在阅读时能达到最优质的审美愉悦。因此设计不但要清晰、精确，而且应该注重通过独特的视觉风格和强烈的视觉感染力来塑造特有的精神气质。

现代社会，铺天盖地的海量信息通过杂志、报纸、广告、网络等各种传播媒介塞满我们的大脑。在这种情况下，将媒介版式设计得精致典雅、疏朗通透、意蕴深厚、独具特色，无疑会在这杂乱的视觉海洋中独树一帜（图1-24、图1-25）。

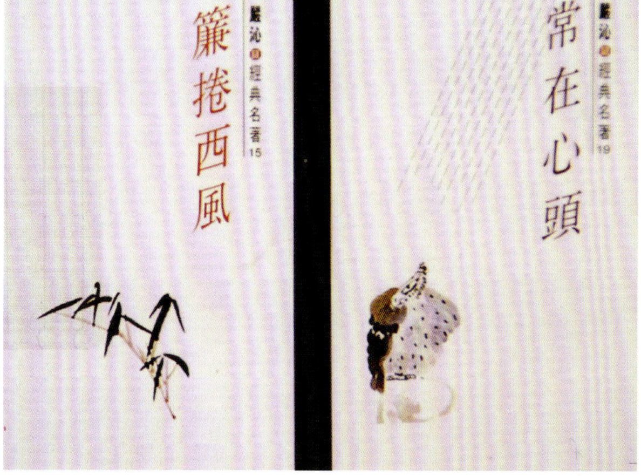

图1-24 严沁经典名著封面

图1-25 杂志封面

第二章

版式设计的形态元素

无论版面设计内容多么复杂，最终都可以归结到点、线、面上。点、线、面既是造型语言的基本元素，也是视觉形态的抽象要素，所有的造型语言都可归结到点、线、面的视觉形态中。版式设计的造型元素建立在平面构成的基础上，同时结合了点、线、面在构成中的形态特性。因此，学习版式设计需要掌握点、线、面的特点与性质。

点、线、面是以抽象观念去理解在版面设计中的表现。能否处理好三者的关系，将决定版式设计的成功与否（图2-1、图2-2）。

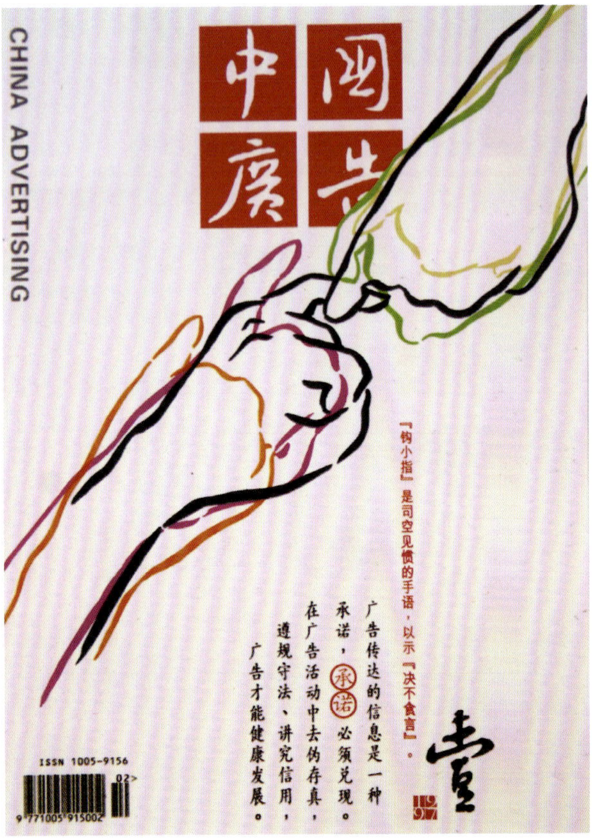

图2-1　中国广告

图2-2　ART杂志

第一节 形态要素之一：点

一、点的概念

几何学中，“点”是指没有长、宽、厚而只有位置的几何图形，康定斯基说：“在几何学上，点是一种看不见的实体。”在平面构成中，点是一个相对的概念，它在对比中存在。例如，地球虽然巨大，但在浩瀚的宇宙中它只是一个点。因此，在版式设计中，点可以表现为一个色块、一个图形、一个文字甚至是一个标点符号。

从外表上来看，点可以说是最小的视觉要素形式。在画面中，“点”是最沉默但同时也是最独特的元素。在汉语中，有“画龙点睛”之词，就是比喻“点”所担当的灵魂角色，可见点在画面中虽为最小单位，但其所占的分量却至关重要。就大小而言，“点”越小则点的感觉越强，越大则越有面的感觉。所以，在画面中点的界限又是不确定的（图2-3）。

二、点在空间中的表现

点的特点更多地体现于它在空间中的造型表现，主要表现为点的形体、点的方向、点在空间中的位置等。

1. 点的形体

作为造型元素之一的点，无论其大小，只要能看见，必然存在形态。由于点本身具有一定的张力，这种张力控制着点所形成的具体形状，或者向心聚拢，或者向外扩展。从外部变化上看，点可分为规则点和不规则点，又称几何形点和自由形点。规则点如方点、圆点、半圆点、三角点、菱形点等；不规则点则包含所有自由随意的形态。规则的点给人以简洁、稳重之感，如方点给人规则、稳定和呆板的感觉，圆形点有饱满、充实、中心和不安定之感；三角点则有稳定、牢固、危险之感等。而不规则点则给人轻松、随意、自然、活跃或不稳定、无规则的感觉。不同形态的点产生不同的美感，反映

图2-3　当代中国雕塑

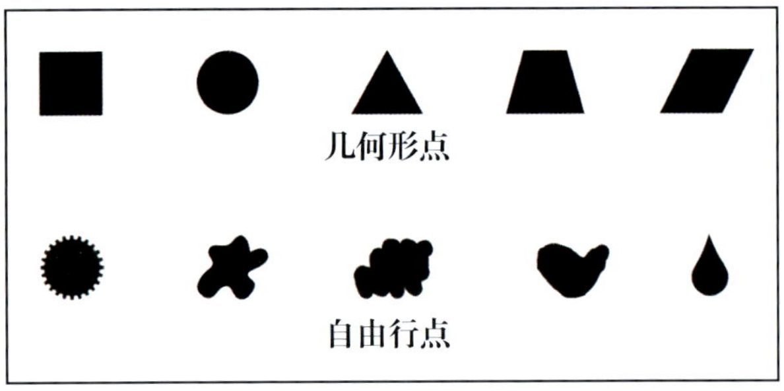

图2-4　几何点与自由点

图2-5　刚古纸深圳设计比赛

出不同的心理效应（图2-4、图2-5）。

2. 点的方向

点的并列产生方向性，形成线的感觉，比如在重复、渐变、突变等排序时。在平面设计中，界定“点”的主要依据是让形态在相对个体状态下较小的范围内确定，如果把点形态予以秩序化的连接，那么点的特点就会减弱甚至消失，进而被点连接成的“虚线”所取代，点也变成了一种间接的视觉对象。作为点元素，只要纳入线的轨迹中便产生了虚拟线的感觉。点的彼此靠近，使视线产生移动，从而也使其具有了方向感。

点的不同排列方式，会得到不同的线性效果，产生不同的方向感。根据位置的变化，点的排列有以下几种方式：等大小、等距离的排列；等大小、不等距离的排列；不等大小、不等距离的排列等（图2-6）。点的排列可以形成鲜明的节奏和韵律，给人以强烈的视觉美感，如放射状的点排列会给人向心、扩散等的感觉；平行的点排列则给人平静、祥和等的心理（图2-7）。

3. 点的位置

点在空间中的位置及多少、大小决定了点自身与其他形的关系。当画面中只有一个点时，虽然其上下左右没有连续性，但在视觉上具有聚集性，人们能感受到它内部具有膨胀和扩散的潜能。此时，点作用于周围的空间，会在心理上产生聚集效果和扩张感，往往具有吸

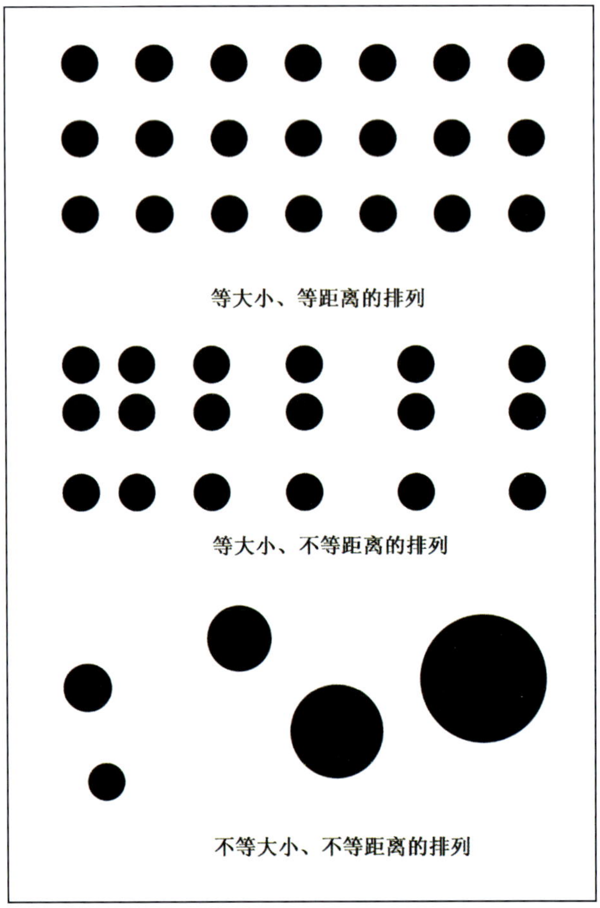

图2-6　点的不同排列

引视线的作用。相同大小、相等间隔的点之间的排列方式，是形成维度空间规律和秩序化的方式之一，能产生平静安详的视觉效果。大小不同点的组合，则形成了主次关系。而随着点的增多，集合程度提高，面的感觉也越来越强。点的规则排列和随意布局，都能引起能量和张力的多样化表现（图2-8）。

另外，点还有虚实、疏密之分，这主要指在视觉感知过程中，点的强弱所形成的对比关系。巧妙运用这些对比，可使画面形成特殊的形式美感。

三、点在版式设计中的运用

在平面设计领域，点是最富有生命感的造型元素。一方面，点的“凝聚力”是画面中不可忽视的支撑力量；另一方面，点的纯粹性和跳跃性在画面中又最大化地彰显自身。僵化的版面设计有了“点”的突破便能顿转生机。

点在版式设计中，主要通过“内在”与“外在”的表现方式呈现出来。“内在”的方式指“点”呈隐含的形式表现，“外在”的方式则是指“点”以个体纯粹性的方式表现。巧妙而隐含的发挥点形态在版面设计中的含蓄之美，除了通过群体融合、明度接近和色彩类似等手法外，将点的构成意识通过不

图2-7　杂志

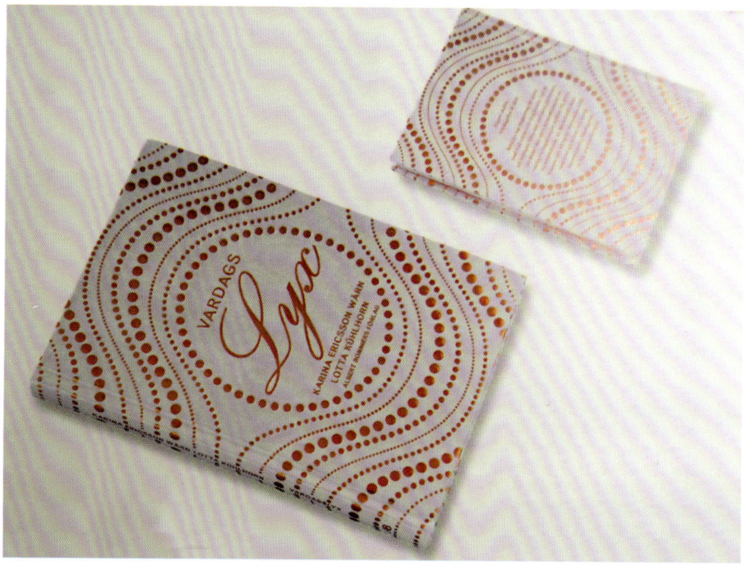

图2-8　书籍“奢侈”

同的创意表达贯穿于版面作品中，能真正发挥点形态的美感价值。

在版面设计中，点的造型变幻莫测，因此在利用点来构成形态时，如果能充分考虑其特点将会给版面带来意想不到的视觉效果（图2-9、图2-10）。

图2-9　甲壳虫乐队

图2-10　新联财务年报

第二节 形态要素之二：线

一、线的概念

在几何学中，线是点的移动轨迹。与点一样，线是由相对关系来决定的，它没有宽度和厚度，但具有位置、长度、方向以及肌理等多种形态。线有两种类型：概念中的线，如一个面的边缘，两个面的转折与交界线等；视觉可见的线，如用绘图工具画出的规则线，徒手随意画出的线等。视觉形态的线可以概括为直线、曲线和折线三种。

点的不变方向移动构成直线。直线给人的印象一般是速度感、直接性、锐利、明快、简洁等。从心理或生理上来看，直线具有男性特点，有“刚”的属性。直线可以分成水平线、垂直线、倾斜线。水平线是直线最简单的形式，它可以沿水平方向无限延伸，因而产生一种开阔、平稳、安静、永不休止的感觉（图2-11）。垂直线则是纵向的无限延伸，它具有上升、下降、挺拔、崇高的感觉（图2-12）。斜线是处于水平线与垂直线之间的形态，具有方向、运动、速度、不安定的感觉（图2-13）。

图2-12 Ko nkret

图2-11 无印良品

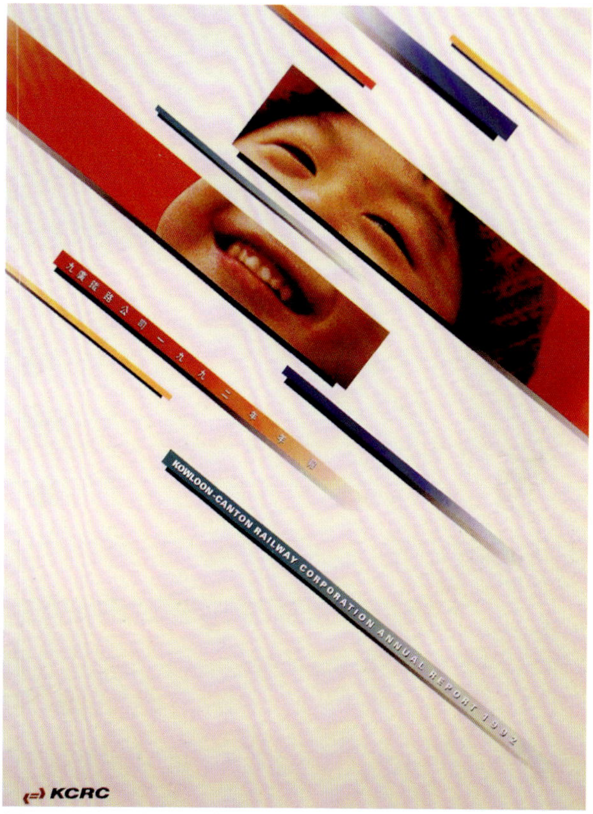

图2-13 九广铁路年报

点的移动方向不断变化形成曲线，或者说按不同压力、不同方向作用于直线，使两端产生弯曲而形成曲线。曲线一般给人柔软、飘逸、优雅、轻快、流畅、跳跃、节奏等感觉。从生理和心理角度来看，曲线反映出很强的女性特点，可以表现女性的柔美、丰满等特质。曲线从形态上分为几何曲线、自由曲线、漩涡环形线。几何曲线具有规则、节律和运动之感；自由曲线具有浪漫、韵律、轻松之感；漩涡环形线则呈现出精密、律动或眩晕的感觉（图2-14）。

折线是线经过一定距离后突然改变方向而形成的。折线呈锯齿状，具有节奏、危险、不安定等感觉。折线又分为几何折现和不规则折线两种，几何折线具有尖锐节奏感，而不规则折线则具有不稳定、破坏和突变性等效果。

另外，版式设计中还有一种特殊线——辅助线。在版式设计中辅助线往往隐藏在版面中，可以帮助我们安排图形、文字的位置，使它们互不干扰又相互配合，共同组成完整的画面。

图2-14　资生堂

二、线在空间中的构成变化

线的表现方式有很多种，最简单的方式是线的等间隔重复，它给人一种强烈的秩序美，但也会产生单调、呆板、乏味之感。其次是线的渐变，其中有线本身的渐变重复，有线与线间距的渐变重复等。由于物体的透视关系呈现近大远小的特点，线渐变重复会在平面中产生空间感，可以将有限空间变为无限空间。再次是线的自由组合，可以是以某种内在的秩序进行排列，也可以是随意的组合，其形式要根据版面内容自行调节，寻找内在的规律。另外，同心和离心直线以同心点为中心向四周无限扩张或向心收缩，会构成线的动态形式，不仅能起到分割画面的作用，还会让版面产生动态效果（图2-15、图2-16）。

图2-15 段篇小说集

图2-16 金山实业年报

线具有面化特点，即通过线条在平面上演绎出的面感形态，表现形式有两种：一种是线在平行反复中形成的面形态，另一种是线封闭形成的面形态。无论是直线还是曲线，只要线与线的关系呈平行状态并以此展开就会形成面的状态，但只是虚化的面状态；同样，无论是直线还是曲线，只要达到封闭状态，即可转化成“面”，但是仅能形成面形态的轮廓，只能属于虚空的“面”。此外，自由曲线的面具有仿生特色，内含其本身独有的自由特性（图2-17）。

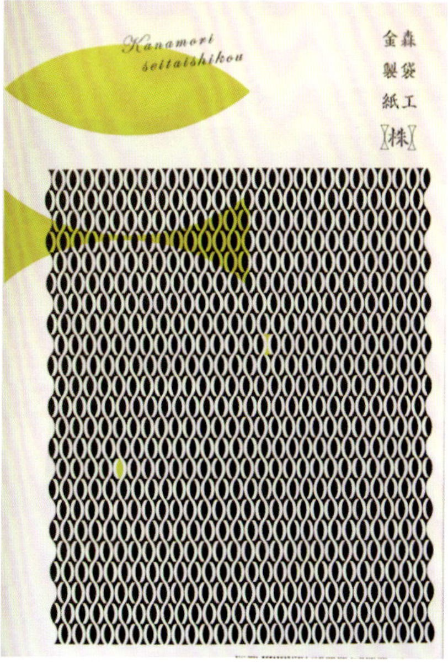

图2-17 金森制袋纸工株式会社

由于线自身的特点以及工具、条件等，在空间表现中还具有其他特征。从视觉角度来讲，线具有粗细特点，其所呈现出来的视觉感受是粗线有力，细线尖锐且具有速度感。线还具有浓淡变化的特点，从明度上可以划分为多个层次，呈现出不同的浓淡变化。不同表现工具也会使线呈现出不同的视觉效果，如刻刀、钢笔、蜡笔、木炭等工具都会使线产生不同的感觉和个性特点。利

图2-18 天涯

用相机的快门进行长时间动态曝光，还可以拍摄出光轨迹线条。这些都能彰显出线条变化万千的造型特点（图2-18）。

三、线在版式设计中的应用

线在版式设计中具有重要的作用，线的特性决定了线在版式设计中的具体使用方法。线能够连接和分割板块；线能将形体从外界分离出来；线能形成版面的骨格；线能表现形体的方向；线还可以具有速度感，也可以体现动态。线的位置、长度、宽度决定了线的形状，而线的具体形状决定了线的方向性，我们把这些特性综合观察便赋予了线的性格。直线和曲线是决定版面形象的基本要素，可以构成各种形态的轮廓，同时起着界定、分隔画面各种形象的作用。在版面中线可以是有形的，也可以是隐形的，如版式中的骨格线、中轴线等，在各种版面组合关系中都起着重要作用。

线作为版式设计的主要表现手段之一，有自己独特的个性与情感存在。线具有超越客观自然的表现力，强调线形态的构成形式，可以把线性结构下的形式力量置于版式设计的主体地位，也可以将线推至画面空间层次的次要地位，使线的结构形式在含蓄的意境中迸发力量。总之，在版式设计中，必须充分理解线的特点和变化，灵活运用（图2-19）。

图2-19 shi fang fine art

第三节　形态要素之三：面

一、面的概念

几何学中的面是“线移动的轨迹”。在平面造型语言中，面是有长度和宽度的二维空间。自然界中任何具有一定面积的物体外表都可以视为面。面的界定是相对于长宽框架而言的，视觉效果中处于相对较小的形态，我们确认为点，而相对较大的形态则称为面。因此，从概念上看，面是相对于点而存在的面积较大的形态要素。点的扩大与平面集合、线的平移翻转都可以产生面。如点、线的密集化形成虚面，直线的平行移动形成方形面，直线的定位旋转形成圆形面。面在空间上占有的面积最多，其形态包括形状、位置、面积、虚实、色彩肌理等，因而在视觉上要比点、线更突出、更丰富（图2-20）。

在视觉造型领域，面具有各种各样的形态。面是具有封闭状态的二维形态，其轮廓线是形态的限定因素，因此对“面”的认识必须从其形成的因素进行分类，各种不同性质的“面”给我们带来不同的视觉心理。概括来讲，面分为几何形面、有机形面和偶然性面。

几何形面是借助于绘图工具形成的造型，具有数学式的逻辑美，给人以规矩、秩序之感，如正方形、长方形、三角形、菱形、圆形、梯形等，都是具有理性化特征的面形态。有机形面是自然界、社会及生活中各种物象的概括反映，如大海里的鱼虾蟹贝，陆地上的瓜果蔬菜、飞禽走兽，生活中的饮食起居用品等的平面状态。有机形面是具体物象的简化概括，因而更具有不同的情感因素，如植物的有机面、动物的剪影等都具有自然、纯朴之美。偶然形面是不用工具、不完全受主观意念控制而产生的面，如泼墨、蜡染、拓印等表现手法形成的面效果，其随意性强，不可复制，

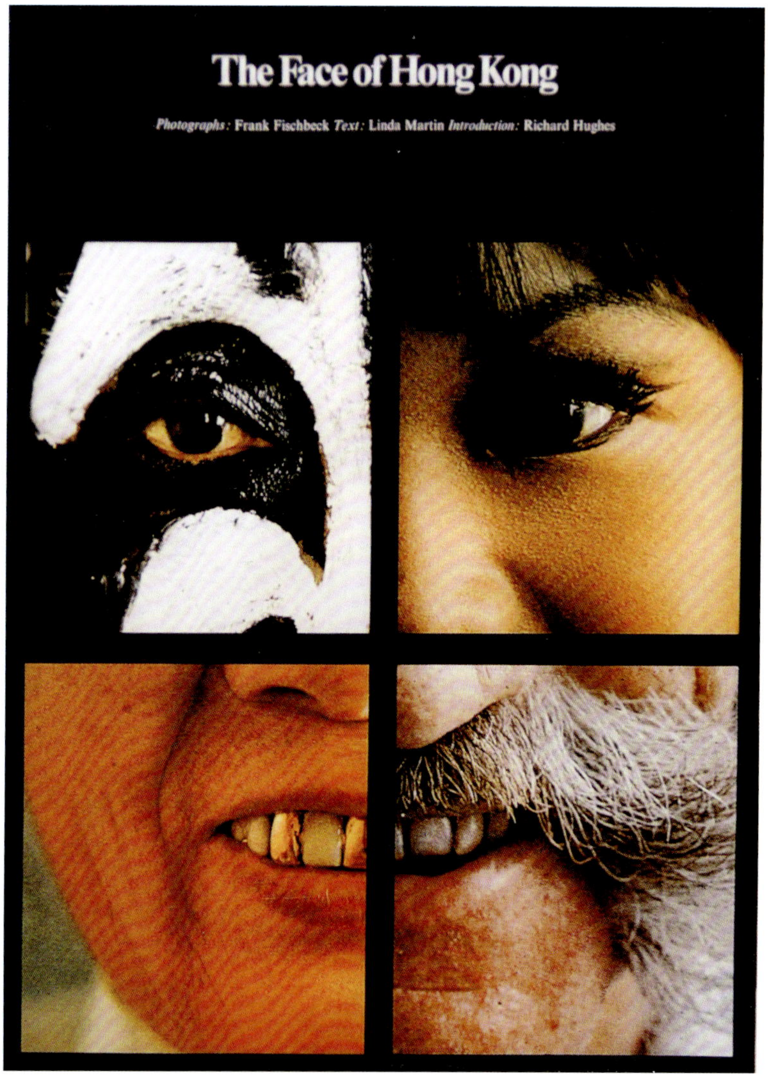

图2-20　香港面孔

图2-21　反对皮草

带有很大的偶然性。偶然形面呈现的是无拘无束、自由之态（图2-21、图2-22）。

二、面在空间中的构成变化

面在平面构成中是重要的造型要素之一。由于二维空间的封闭性，使“面”呈现出块状的表现特点。如果封闭空间是实体的话，如内部涂黑，那这个形就有稳定、充实、饱满的感觉，如果只有轮廓线，那这个形就是一个虚空的面。

在平面空间中，面形态的特征往往是在特定的构成方式中形成某些性格色彩。因此，面形态的性格之美从它不同的组合和变化中充分体现出来。例如面的位置、面的大小及组合、面的体化及进深、面的虚化及隐匿、面的扭曲等，都能将面的构成特征反映出来。

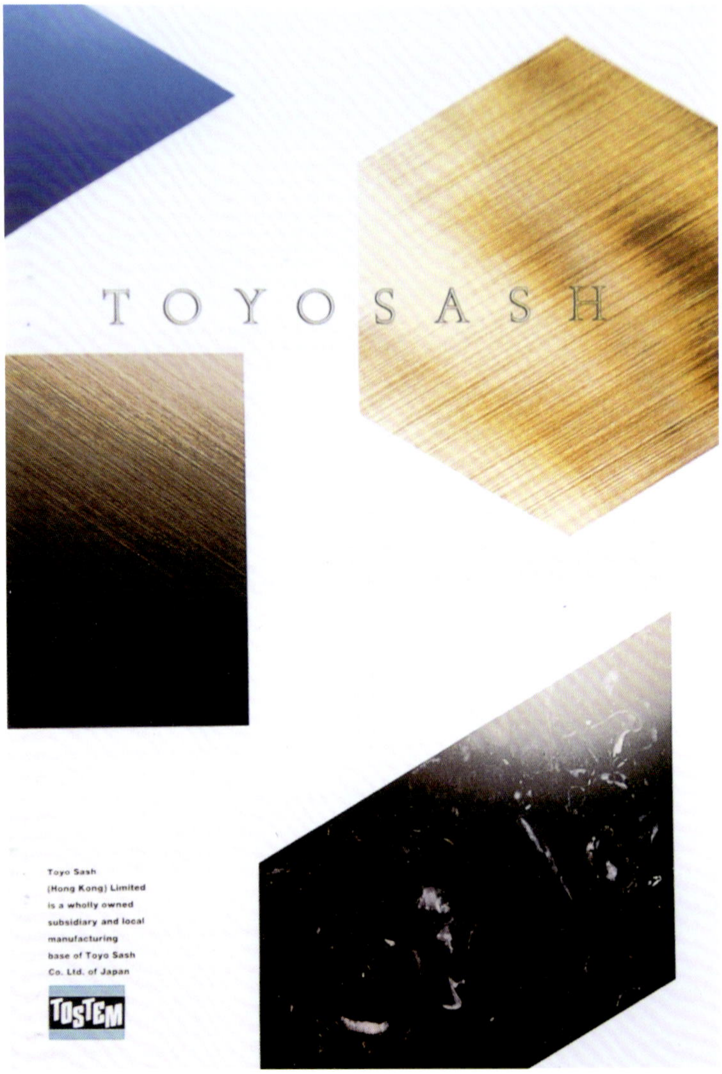

图2-22　TOYOSASH

1. 面的位置

面形态由于体量的关系，在版面中的位置显得尤为重要。对面形态位置的考虑，将决定版面的整体面貌。

面在版式中的位置没有固定的程式，要根据设计主题合理安排以体现版面的气质特征，例如面形态在版面上部时，版面会表现出一种轻松、漂浮的感觉；当面形态聚集在版面下部时，则呈现出沉重、稳定之感；当上部与下部的面形态视觉上相等时，版面则可能出现对称或均衡之感；若要表现强对比效果或特殊效果，则需要灵活打破这种对称或均衡（图2-23）。

2. 面的大小及组合

面的大小决定着画面内容的主次与节奏。

图2-23　东京Nishigawa大学

图2-24　资生堂

在一定的版面中，面可以是以大的集合面出现，也可以是以小巧的点面出现；可以是规则的面集合，也可以是不规则的面组合。大的面形态给人以饱满感，小的面形状给人以高档精致感。在平面空间中以面形态为主体，并将其做成由大小和疏密的群体构成，使大面与小面、实面与虚面错落有致，则会使画面形成韵律和节奏感。

另外，面的大小、形状还可区分内容的先后顺序。当一个面的形状或者大小与众不同且差别很大时，就会产生前后、主次的视觉效果，如一个面的形态突出于其他各面，就会产生在前的感觉（图2-24）。

3. 面的体化与进深

面的体化是指将二维的面形态转向三维空

间的视觉效果。面的体化在平面构成中不必受客观透视的限制，只要在面与面的构成关系中强调其变化与节奏，体感就会自然生成。面的体化必须靠不同面形态的相互组合才能生成。

版式设计中量感是把握画面平衡感的重要因素。但是，由于形成量感的视觉对象不同，致使在视觉分量上因要素不同而各有所异。就点、线、面三种要素来看，面形态的量感强度优势是显而易见的。当面的量感强度充满画面时，打动视知觉的强度就会映射整个画面。

另外，面以群构的方式出现，其整体力度会将面的组合形式向纵深发展，形成透视的力量（图2-25）。

4. 面的虚化与隐匿

面的虚化是指在平面构成中以其他要素，

图2-25　和记黄埔年报

图2-26　结婚请柬

如点、线排列出具有面感的视觉效果，我们多称为虚面。虚面的构成具有朦胧、内敛的情感色彩。当然，不同的点、线集合方式形成不同的虚面效果。面的隐匿是指面形态处于不醒目的位置，或者是余留空白，或者是隐含在画面中。虽然这种面形式在视觉上不处于前台，但往往能起着稳定画面的作用，像电影叙事中的“暗线”一样，富有一种含蓄或略带诗意的美（图2-26）。

5. 正负形

在平面空间中，主题形象在画面中占有一定的空间，一般称为“图”，其周围的背景称为“底”，我们将两者的关系称为“图底”关系。同样，在白色底上用黑色表现形象，其形象给人以实体感，我们将其称为“正”形，而周围形成的空白处，我们称之为“负”形。正负形态在平面空间中，根据面积的大小和醒目程度可以互相转化。利用图形和背景相互转化、交替显现的原理，可以使画面达到特殊的视觉效果（图2-27）。

三、面在版式设计中的运用

面形态在版式设计中的运用最为广泛，无论是广告、包装、书籍、网页等都离不开面形态的构成设计。面形态在现代版式设计中，充当着两个重要的角色：一个是对造型的处理；另一个是对空间的把握，也就是面与空间的构成关系。

造型的面元素在版式中担任的造型角色比点和线形态显得更为稳重和单纯，这一点无论在具象还是抽象造型中都显得更为突出。另外，面形态在版式设计中除了引人注目的造型表现以外，还常常在无形中把面的要素引向属于画面背景的空间之中。

图2-28 九广铁路年报

在版式设计中，空白其实也是面的一种特殊形态，在版面中不仅要考虑到文字、图形以及图片构成的面，还要考虑到空白所形成的面。它在版面中能使版面疏密有致，形成特有的韵律与节奏，也使观者在阅读内容的同时，得到视觉上的休憩（图2-28）。

图2-27 REGAL品牌推广

第四节　点线面的空间关系

完整的版式设计总是由点、线、面等基因共同组成的，它们在版面中和谐共生。版式构成是对点、线、面分割和组合的综合运用，在版式设计中，从点、线、面等基本元素出发，有利于版式中对形体和空间的整体把握。

点、线、面在平面空间中是有机联系的。点移动成线，线移动成面，面的移动则形成体。作为视觉造型元素，从视觉角度来讲，点可以说是有面积的形，线也可以说是有粗细的形。当这些“形”一旦在面积和宽度上增大时，点和线本身的形象就会减弱，而面的形象则会增强。可以说，三者既相互联系，又相互转化。

在版式设计中，还可以将文字、图形、色彩等各视觉元素作为点、线、面看待，利用点、线、面本身的形态特点进行应用，如将单个文字作为点，一行文字作为线、段落文字作为面等在版面中进行整体构思。利用点、线、面的各种性格特点，将各构成元素按视觉规律进行有机统一，才能创作出符合形式规律的视觉作品（图2-29、图2-30）。

图2-29　怀袖雅物

图2-30　世界汉学

第三章

版式设计的形式原理

现代版式设计旨在创造审美形式，而其艺术性体现在遵循美的形式原理。将重复与节奏、对称与均衡、秩序与变异、对比与调合、虚实与余白等形式美的构成法则运用于版式设计，能使版面形式具有更多样、更新颖、更具个性的意境。

第一节　视觉上的形态变化

一、重复与节奏

视觉艺术中的重复是指相同或相近的形态连续、有规律地反复出现。日常生活中处处可以见到重复的应用，如整齐排列的窗户、不断延展的壁纸和地砖、服装面料中的图案等，都以一个最基本单形为主体重复排列。重复的视觉效果使形象秩序化、整齐化，具有加强对形象视觉记忆的作用。

严格意义上来讲，重复是同一个对象以不变的方式反复出现，但实际应用中重复所用的基本形可以变化。基本形态始终不变的重复是绝对重复；而基本形态按方向、大小、位置等发生变化则是相对重复。绝对重复会略显单调，而相对重复则具有无穷的变化。在版式设计中，重复的构成形式使视觉形象呈现和谐统一、富有整体感的视觉效果（图3-1）。

重复能产生节奏，如心脏跳动；节奏能诞生韵律，如音乐律动。韵律的本质就是反复，同时也包含着渐变或者突变。在相同或相近的一个因素反复或渐变出现的时候，会产生一种

图3-1　食品海报

运动秩序感，并在动势之中萌生生命感。音乐的韵律与视觉艺术的构成具有相同的特点，音乐利用时间的间隔、声音的强弱或高低呈现规律化的反复，形成听觉上的旋律；而视觉艺术则利用形态、色彩、线条等变化反复构成视觉上的秩序。

在版面设计中，相同或相近的形态组合也能产生节奏感。本质上，静态版面的节奏感，主要是靠文字、图形、色彩等视觉元素的大小、疏密、虚实、空间位置等布局，使形象与形象、形象与空间之间有连续、变化的效果，而节奏的强弱要依形态的变化和编排的序列而定。用节奏原理设计的版面，条理清晰，富有韵律，不但能更好地引领阅读，还能给人以美的视觉享受。

图3-2 BE@RBRICK

图3-3 Tres Tres Marche

重复与节奏是一对相互关系体，将形式美感上相同或相关的视觉因素，通过重复与节奏产生一个视觉整体而发挥其美感价值。重复和节奏的形式法则应用于现代版式设计中，可以将文字、图形、色彩等视觉元素根据内容和形式需要，表现为错落、渐次、单纯、复杂、方向、位置等重复变化，构成版面的律动感（图3-2、图3-3）。

二、对称与均衡

对称是指在大小、形状和排列上具有一一对应关系而形成的同形同量的结构形式，是“镜像”形式，也称绝对对称。自然界中充满了众多对称物，如人体、部分动植物以及雪花结晶等。主要形式有以中轴线为轴心的左右对称；以水平线为基准的上下对称；以中心点为源的放射对称（图3-4）。另外，相对对称是指对称两方在量度或形状上并看上去基本相同，

图3-4 杂志内页

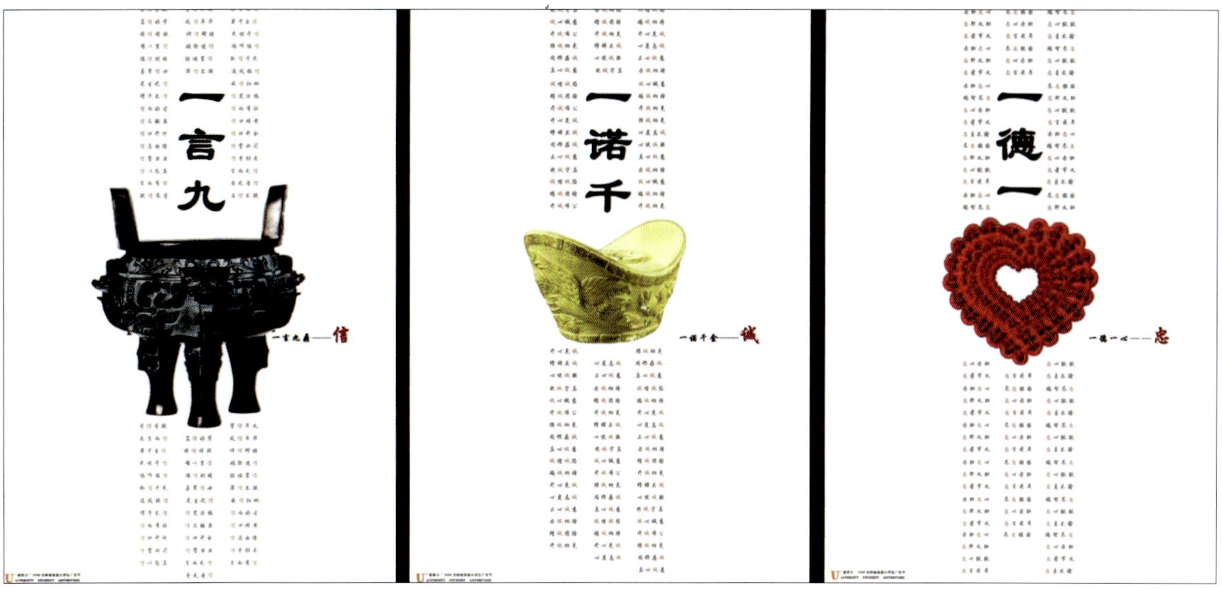

图3-5　海报

但并非绝对相同。

在现代版式设计中，对称是一种常用的构成方式，一般多表现为文字和图形居中的对称横排和竖排。绝对对称的形式法则是在中心两侧或上下的形态、位置、方向上做出互为相对形式的构成，这种版面形式给人以庄重、严谨、整齐、秩序之感，是高格调和古典主义版面设计风格的表现，但因缺少变化，容易使人感到单调和呆滞（图3-5）。而相对对称呈现出在中心两侧或上下对称的形态，具有相似的公约量，形成相对的静止状态，在视觉上富有变化，更灵活。

均衡是一种有变化的平衡，它运用等量不等形的方式来表现矛盾的统一性，使构成在视觉上既有变化，又保持部分与部分之间的平衡关系，呈现静中有动或动中有静的和谐美，以此来达到内在的秩序感。在版式设计中，均衡的形式没有固定的模式，只求取心理上“量”的均衡状态，有着较高的自由度，其形式美感特征在于多个重心相互作用，富有变化与趣味，生动活泼，是较为流行的现代版式特征（图3-6）。

在版面设计中，对称与均衡是一对统一

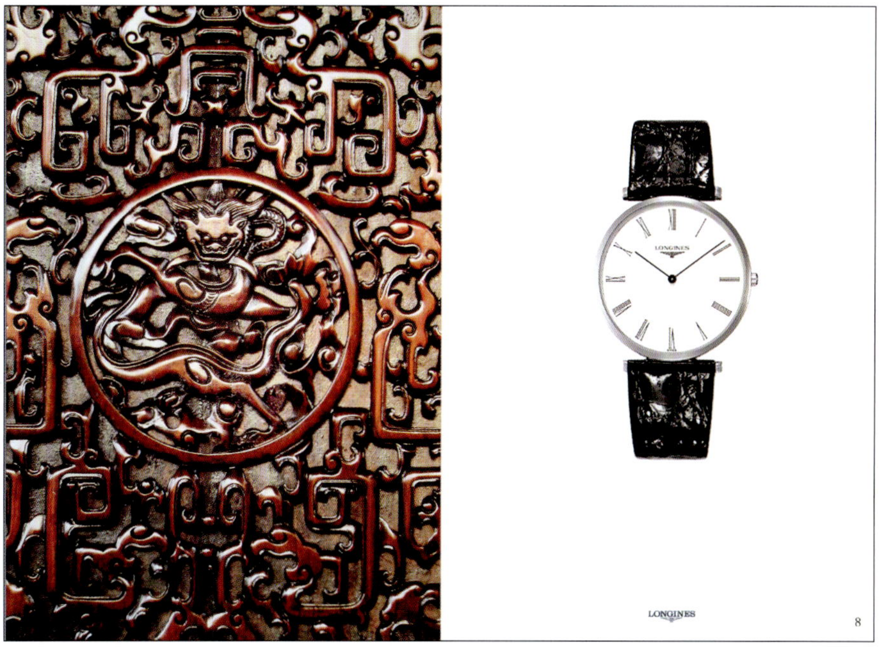

图3-6　手表广告

体，通常表现为既对称又均衡，实质上都是求得视觉上的稳定感（图3-7）。

三、秩序与变异

形式美的规律基本有两种：一是由秩序而产生的美，称为有秩序的形式美；二是打破常规的美，即变异，这种打破秩序的形式与前者相反，是对原秩序的突破。这两种形式美呈现的是两种完全不同的形式风格。

版面设计中，最基本的要求是清晰明了、井然有序，富有秩序美。秩序是指各视觉元素有组织、有规律的构成形式，它使版面结构单纯、井然有序。版式设计是以秩序美为原则的，通过对文字、图形、线条、色块等有规律的组织来体现版面的条理性。编排越单纯，版面整体性就越强，视觉冲击力就越大；反之，编排越复杂，整体感及视觉冲击力就越弱。秩序美是版面设计的灵魂和支柱，版面一旦失去了秩序，将会直接影响信息的准确传达。当然，过于追求版面的秩序，不强调个性，则会令人感到机械、呆板、毫无生气，因此就需要变化来增加活泼感（图3-8）。

变化是在秩序的基础上所做的局部调整，这就是变异。变异是在诸多相同性质的形象中，利用个别异质形象打破原有的单调格局显示出来。将变异的原理用于版面设计，会使版面增加活跃感和丰富性，其中异质形象在版面中最引人注目，甚至成为视觉焦点（图3-9）。

变异的表现形式有位置的变异、形象的变异、方向的变异、大小的变异、色彩的变异等，采用哪种变异形式由内容决定。无论采用哪种变异形式，变异部位在整个版面中只能占

图3-7　蜗牛慢吞吞　朱赢椿

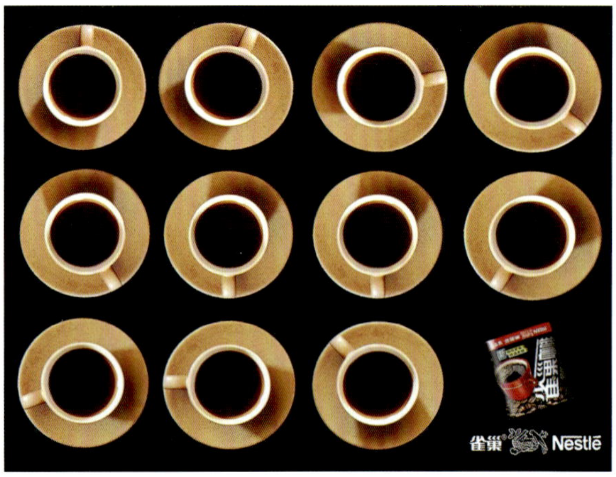

图3-8　雀巢咖啡

图3-9　留一点想象空间　杨林青

图3-10 海报

小部分，变异部位过多或过大，反而会削弱变异的特征和效果。在招贴和书籍封面等版式中常用变异的方式处理文字、图形，突出重点，增强趣味性，借以起到吸引读者视线的作用。在以文字为主的书报杂志等多幅版式中，变异常用于正文章节的首字，将首字放大或下沉；或者对章节、段落标题的字体、字号进行变化，使人感到醒目和丰富，也增强了版面的节奏感（图3-10）。

四、对比与调和

对比与调和是美的形式法则中最重要的一对关系，也是现代版式设计不可缺少的一种审美形式。

对比是指某些性质相反或构成中各要素存在的视觉差异性所形成的结果。对比不仅体现在形态上，而且还体现在色彩、质感和方向等方面，如形态的大小、黑白、主次、动静、疏密、虚实、刚柔、粗细、多少、明暗等关系。它们彼此渗透、相互并存。从美学意义上说，由对比产生的美感是必然的，如果把对比原理灵活运用到版式设计中，那作品中线的动势、色彩的感情效果、光以及质感密度的差异等方面都能得到恰如其分的表现。简洁明快的对比关系是获得强烈视觉效果的重要手段。设计中不能没有对比，否则会产生呆板、缺乏生气、枯燥乏味之感。

调和，是指版面的各要素之间能够适合、安定、协调，在视觉上给人以和谐感。调和强调的是近似性，即当两者或两者以上的要素同时存在时，相互之间要具有一定的共性。版面设计中的调和关系包括内容与形式，以及版面各部位、各视觉元素之间的调和。调和的主要作用是使对比较强的形态相互协调，在对比中寻求调和，以显得更适合、更有序、更清晰（图3-11、图3-12）。

可以说，对比是版面局部的精灵，调和是版面整体的统帅。对比为强调差异而产生冲

图3-11 WX-design CAFAM未来展

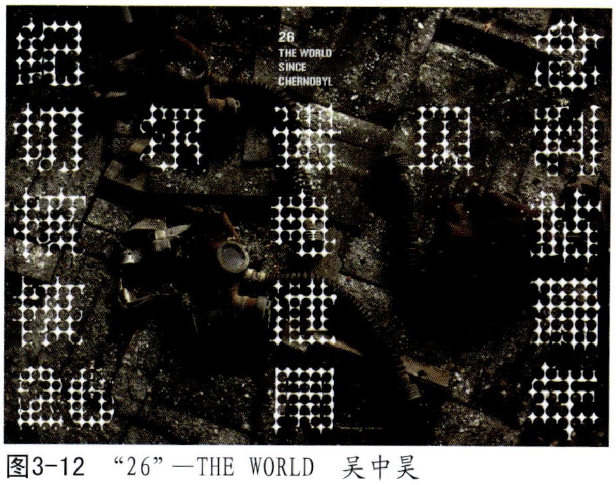

图3-12 “26”—THE WORLD 吴中昊

突；调和为寻求共同点而缓和矛盾。如果版面只求对比而不重视调和，则会支离破碎，杂乱无章；如果版面只求调和而失去对比，则会呆板，缺乏生气。两者互为因果，共同营造版面既对比又和谐的完美关系。

五、虚实与余白

版面中的“虚”，一方面指空白，另一方面也指细弱的文字、图形、色彩以及由点、线形成的虚面。为了强调“实”的主体，可有意将其他部分削弱为“虚”，甚至以余白来衬托主体的“实”。所以，余白是版面“虚”处理中一种特殊的手法。版面中的虚实关系是以虚衬实，实由虚托（图3-13）。

余白即版面图文以外的空间。从美学的角度上讲，余白与文字和图片具有同等重要的作用。中国传统美学中有“形得之于形外”和“计白当黑，计黑当白”之说。“计白当黑”作为传统审美观念的基础，是中国画对二维平面空间利用的高度概括，也是视觉造型的基本原则。版式设计与绘画相同，对空间余白有特殊的理解，绝不能将“余白”看成是一块空白或多于的空间。

版式设计中，余白有明确的目的性。它不仅仅能衬托形象，而且经常是以负性的形式存在于版面。版面靠余白提高注意力，产生隔离注意值，版面与留白之比称为版面率，这些神秘的比例具有秩序与节奏之美，使版式形成不同的性格，它是构成整体版式的重要一环。在处理形象与空间的关系时，根据所表现的具体内容和类型，考虑版面余白量的多与少。巧妙的余白能更好地烘托主题、渲染气氛，使版面更臻完美。所以，在版式设计中空白的意义与形象的重要性是相同的（图3-14）。

另外，中国篆刻艺术的章法有“密不透风，疏可跑马”的说法，同样适合现代版面设计的空间处理（图3-15、图3-16）。

图3-13　香港房屋委员会海报

图3-14　设计诗　朱赢椿

图3-15　不裁　朱赢椿

图3-16　艺刊

第二节　版式的网格设计

网格是设计中常用的画面布局方法，20世纪初起源于瑞士，并逐步完善成熟，曾对西方现代平面设计产生过广泛影响。网格也是平面构成中骨架、骨骼的概念，并得以延伸和发展。随着计算机的应用与设计传播的发展，网格设计在平面设计中显得越来越重要，也已成为现代版式设计重要的表现手段（图3-17）。

一、网格的定义

版式网格是指版面设计中的骨架，它按照一定的规律运用网格划分版面，为文字、图形等元素确定位置，以便有依据进行组合编排，从而形成结构严谨的版面视觉效果。网格与设计元素之间是骨与肉的关系，它们相互依存、互为作用。

网格的形式分为可见与不可见两种，可见的网格在版面上是设计实体，清晰条理；不可见的网格在版面中不是实体元素，只是一种隐藏的参考线，起到限定各元素的作用。按构成原理，网格又分为规则与不规则两种。规则的网格以严谨的数学方式划分空间，遵循了重复、渐变、发射等原理，能产生强烈的秩序感；不规则网格则没有严谨的网格线，可以自由变化，采用对比、疏密、特异等，能产生自由灵活的视觉效果（图3-18）。

网格在版式设计中有两个作用：一是约束版面，固定各元素的位置，使版面有秩序感和整体感；二是根据内容将版面划分成若干形状相同或不同的空间，使各元素之间达到协调一致。从某种程度上说，网格是版式设计得以成立的基础，它能将丰富的设计元素有效地安排在一个版面上。网格为所有视觉元素提供了一

图3-17　玩具店广告传单

Nova regra para grampos deve vir menos rígida

'A corrupção corrói por dentro e faz ruir o regime'

Lula põe slogan em carro oficial e oposição reage

O motor assusta.
O preço acalma.

'Vivemos a mais democrática das Constituições'

图3-18　英文报纸

种结构，使设计更加有章可循、轻松快捷。作为一种行之有效的版面形式法则，网格将构成主义和秩序的概念引入设计，以一种特殊的视角在充满感性的设计领域开拓出一条理性思维之路（图3-19）。

二、网格设计的形式

网格设计是现代版式设计中常用的排版方式。网格设计强调比例、秩序、整体和严密性，是一种逻辑性很强的版面艺术表现风格。古希腊毕达哥拉斯学派认为数学的比例关系决定了实物的构造及实物之间的和谐。运用数学的比例关系，网格设计通过严格的计算，把版心划分为无数尺寸的网格。合理的网格设计能得到明确的版面结构，并使各元素在版面中具有条理清晰、富有节奏的视觉关系。这种逻辑的思维方式，为版面的科学性、严谨性和高效性提供了极大的方便。

网格设计的形式没有固定模式，我们大体将网格设计归纳为以下几种形式：

1. 水平与垂直网格

水平线和垂直线在版面划分中可以单独使用，即进行水平方向的划分或垂直方向的划分，分别可以将版面等分为二、三、四以至更多份，也可以将版面按一定大小比例划分为多份。另外，水平方向和垂直方向的划分可以组合使用，划分后的网格既可以等分，也可以进行比较复杂和富有变化的划分。水平与垂直划分的网格，将内容安排其间可以给人以经纬清晰、井然有序的感觉（图3-20）。

2. 放射线与斜线

版面设计中的网格可以以放射线和对角线等斜线的形式设定。

放射线网格是由一个焦点中心向外扩展、延伸的线结构版面划分，可以将版面划分为相等或不等的多份，又分为直线放射、弧线放射和角度放射等。在放射线网格中，设计元素可以沿着设定的网格线进行组合，呈发散或聚合状态，具有很强的动感。在垂直、水平辅助线的基础上，加上斜辅助线进行编排设计也是非常有效的方法。可以把版面的对角线、水平线以及垂直线的交叉点连成一体，也可以根据黄

图3-19　台前幕后　杨林青

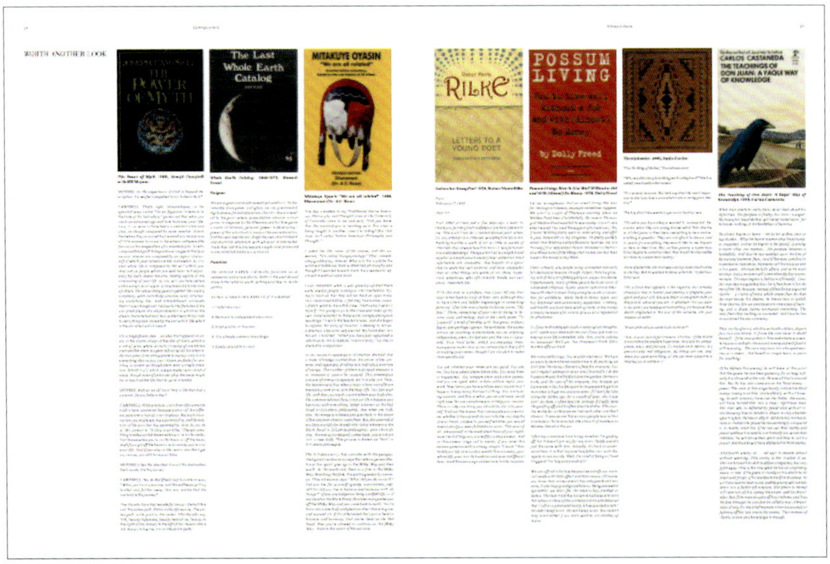

图3-20　版面的虚拟网格

金比率或$\sqrt{2}$来进行版面的划分。斜线具有方向、运动、速度之感，也能表现空间的进深感（图3-21）。

3. 同心圆弧

同心圆弧的版面划分是指一组或多组同心的圆弧构成的结构线。这种弧线结构呈放射状，具有向外扩延和增强节奏感的效果。圆弧网格线可以是等距离，也可以是渐变的。在这样的弧线上安排元素，具有膨胀感，使版面具有跳跃性和趣味性（图3-22）。

三、网格设计的应用

网格设计与主题内容和媒介特点有密切的关系。通常，网格设计要根据内容和风格灵活运用，严肃的内容需要理性的版面形式，娱乐性的内容则需要活跃的版面效果。

水平与垂直网格是网格设计最基本的形式，也是应用最为广泛的模式，在报纸、书籍内文设计中是一种常用的方法。

水平与垂直划分的网格可以将版面分成多个不等的方块，但是因为各条网格线本身没有宽度，如果直接填充内容会使各部分内容没有任何间隙。因此，一般提前在设定版面网格的位置留出一定的宽度，这样能确保各内容之间保持一定距离。形成的各个方块空间，可以高效率地把设计内容安排在其间，也可以使各个部分有机而整齐地排列起来。当然，在实际的运用中可以灵活地将几个方块连起来作为一个内容的安排空间，也可以将方块作为页面的留白使用。这样，各个方块的不同组合方式也使页面的排版产生了无数的变化。另外，有意使某些内容部分冲出方块的范围，使内容与方块的空间不吻合，也是非常必要的

图3-21 杂志版式

图3-22 杂志内页

处理手法（图3-23、图3-24）。

网格设计虽然在实际应用中具有科学性、严谨性，但过于呆板的运用会给版面带来负面影响。因此在运用网格设计时，应在考虑网格的限定性特点的同时，根据主题内容与审美要求适当打破其约束性。一方面，应该按照网格来设计布局，让各设计元素按部就班；另一方面，也要敢于打破某些“框框”。网格为版面提供了整体统一感，而适当的“破”却能为版面注入活力，这就是统一与对比的关系。

版式的网格设计就像磁盘的格式化，既可以使设计内容有章可循，也可以保障信息传播的识别性、准确性与导向性。表面上看它是关于视觉编排技巧的问题，实际上它是技术与艺术的高度统一。要创造既有实用性又有艺术性的版面形式：一方面，要对网格设计的形式法则与个性特点进行系统和深入了解；另一方面，还要结合设计实践，将技巧性与艺术性融为一体。

图3-23　封面

图3-24　版面

第四章

版式设计的文字理论

文字是版式设计中必不可少的视觉表现元素，它有力地推动了版面的设计特征和设计情感的传达。在版式设计中，文字的主要功能是在视觉传达中向大众传达设计者的意图和各种信息，有时甚至作为版式设计的主体元素，被设计师们引申为图形从而有效传递版面的主旨思想。文字的种类繁多，特征不一，这些都将影响版面的易读性和传达效果。

第一节 字体的设定

文字在视觉设计中是非常重要的表现要素之一，文字排列组合效果的好坏直接影响版面的视觉传达设计效果。

我们认为，版面中最合适的字体正是那些能够满足版面设计需求，并与其整体设计风格统一的字体。

版式设计中不同字体的选用，会影响整个版式的风格。如：规整的字体会使版面显得庄重、严肃；比较随意的字体会使版面显得较为自由、个性；较为圆润的字体会使版面显得具有卡通情趣；曲线字体的使用能够使版面充满神秘感和欧洲风情等。版式设计中字体的选用是很关键的，不同的字体有着不同的性格和气质，因此字体的气质要与设计整体气质相吻合，就中文字体的选用而言，从字体的一般个性出发，我们在设计中将它们大致分为如下几类：

（1）书法字体：品味独特，个性鲜明，是版式设计中的生动语言（图4-1）。

（2）印刷字体：清晰易辩，在编排上具有整体感，体现着规范性和严谨性（图4-2）。

（3）装饰字体：丰富多变，表现力强，易于体现审美特性（图4-3）。

中文字体的选择不可太求新求变，要考虑其在版式设计中使用的普适性，面对多种字体我们可能无从选择，但也有一些可遵循的原则可供参考，如：标题字体的选择一定要具有醒目性，要超过正文的视觉注意力，选用较粗的字体运用在标题上是比较合适的，如粗黑、大宋等；正文字体的选择不宜过粗，因为过粗的字体识别性不强，不利于长时间阅读，一般可选择细黑、中宋等字体，以方便阅读和正文的内容表现。

就版面字体的效果表达而言，可供选择的方法也很多，举例而言，书法字体和手写字体是对字体过于雷同的一种好的解决方法，此类字体的使用能让版面产生灵气和个性；楷体是一种非常经典的字体，经过一千多年文明和无数书法大师的不断锤炼，已经非常成熟了，每一个字都经得起推敲，具有很强的文化气质，

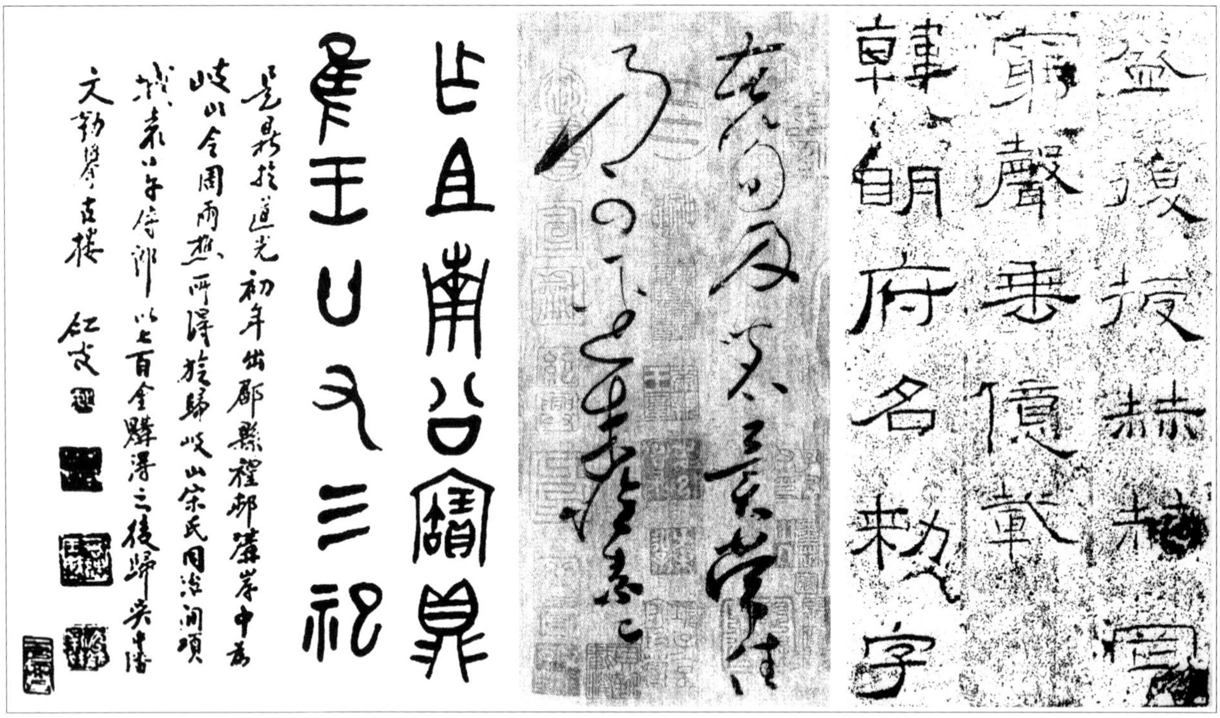

图4-1　书法字体

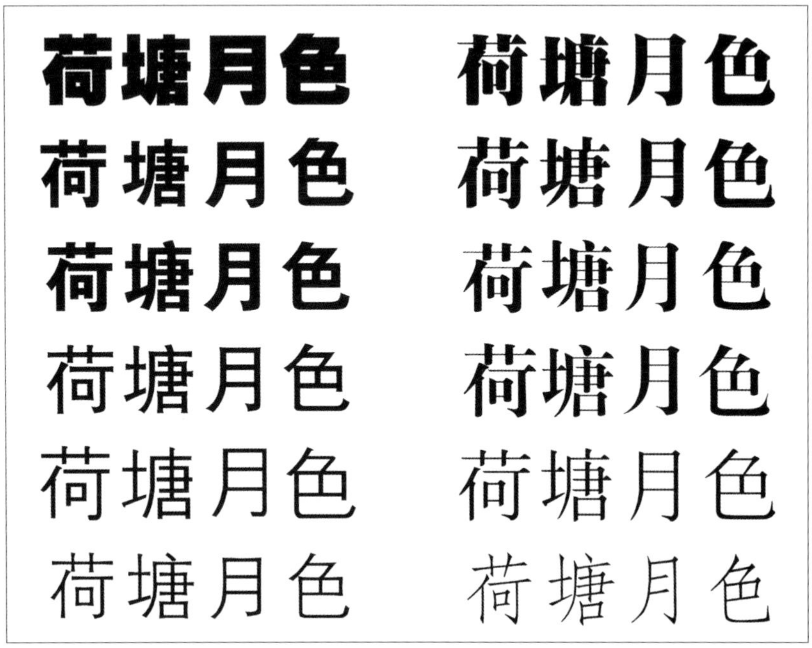

图4-2　印刷字体

图4-3　装饰字体

因此在做具有文化感和传统味的设计中可以使用；宋体也是一种历经几个朝代的字体，被前人们修饰得无可挑剔，端庄秀丽，有贵族气质；还有仿宋体，刚柔结合，精致细腻；黑体方正饱满，横竖笔画粗细相同，平直粗黑，是受西文等线黑体的影响而设计的，一般可用于各级大小标题字、封面字，或者正文中要突出的部分。

值得注意的是，大多数情况下，一个版面中会用到多种字体，因为使用多种字体的版面相对较为丰富，层次关系也更容易表达。使用两种以上字体（含两种）的文字就要注意掌握字体之间的搭配，在进行字体的选择时，可以对字体进行分类管理，如可以把字体分为有衬线体（图4-4）和无衬线体（图4-5），还可再细分为中文的衬线体（如宋体）和无衬线体（如黑体）、英文的衬线体和无衬线体等。其中，中文字体与英文字体之间的搭配也逐渐变多，尽管中英文字体之间的搭配并无多少规律可言，但还是有一定的规律可循，如衬线体中文（英文）搭配衬线体英文（中文）；无衬线体中文（英文）搭配无衬线体英文（中文）等。

荷塘月色

MOONLIGHT
OVER THE
LOTUS POND

图4-4　有衬线体

荷塘月色

MOONLIGHT
OVER THE
LOTUS POND

图4-5　无衬线体

第二节 字号、字距、行距

当版面需要呈现不同层次关系的时候，通过字号的选择来区分标题、正文和注释，就能很清楚地表现出信息的层级关系。文字的字号即指文字的大小，它的尺寸规格以正方形的汉字为准，目前关于字体字号的标准主要以号数制、点（磅）数制为主。号数制是字号的标称数越小，字号越大，使用起来简单、方便，使用时指定字号即可，无需关心字形的实际尺寸，其缺点是字号之间没有统一的倍数关系，折算起来不够方便；点（磅）数制是国际上通用的一种计量方法，通过计算字外形的“点（磅）”数为衡量标准，其中“点（磅）”是传统计量字大小的单位。

一、字 号

字号大小能决定版面的层次关系，字号大的字更加能吸引读者的注意力，但也不是越大越好，要根据版面信息传达的具体要求而定（图4-6）。在设计过程中，设计师在熟悉掌握字体、字号等特征的前提下可以根据需要随心所欲的设置字号。如宋体的印刷适性好，一般正文书写都用五号字，由于宋体的笔画粗细适中，印出的笔道完整清晰。若用五号仿宋，因笔画太细，易使字残缺不全。若用楷体，又因笔画较粗，多笔画字产生模糊。仿宋笔画粗细一致，起落锋芒突出。阅读效果不如宋体，但有时也可作为小4号、4号、3号字的文件字体，以及古典、文献和仿古版面。另外一种区分文字之间层次关系的方法即改变文字的粗细，一般有两种方式，一是在原有字体样式不变的基础上将文字加粗（图4-7中图），另一种是改变字体的样式，选择较粗的字体（图4-7下图）。

号数	点数	级数	毫米	主要用途
初号	42	59	11.7	标题
小初号	36	50	15.6	标题
一号	27.5	38	9.63	标题
小一号	24	34	8.5	标题
二号	21	28	7.35	标题
小二号	18	24	6.36	标题
三号	15.75	22	5.62	标题、公文正文
四号	13.75	20	4.81	标题、公文正文
小四号	12	18	4.2	标题、正文
五号	10.5	15	3.67	书刊报纸正文
小五号	9	13	3.15	注文、报刊正文
六号	7.87	11	2.8	脚注、版权注文
小六号	7.78	10	2.46	排角标、注文

图4-6 号数制、点数制与级数制之间的换算关系

图4-7 字体加粗

二、字　距

字距就是字与字之间的距离。谈及版式中的字距问题，就不能不涉及字形，包括中国的方块汉字以及26个拉丁字母的三类外形：方形、圆形和三角形。汉字不论笔画的多少，都统一，固定在有限的田字格或米字格中，每个方块字都是随着笔画的增加而缩小每个笔画所占的位置。字与字之间一般是遵循等距编排，一般有三种形式：标准、紧缩和加宽。以“标准”为水平线，点值越大，字距越大，即为“加宽”；点值越小，字距越小，即为“紧缩”。一般来说，如果汉字是横向排列，字间距宜为字宽的1/5到1/10，如果汉字是竖向排列，那么字间距可以相对缩小些。而各拉丁字母所占的空间有所不同，其中方形最大，圆形次之，最小为三角形。除此而外，各种字母周围所产生的“作用空间”也是字母的有效组成（图4-8上）。如果字母也像汉字一样等距排列，那不同字形组合就会在视觉上产生距离的疏密不均，从而直接影响整体美观和信息传达速度（图4-8下）。因此，要根据字母的“作用空间”来调整字的空间关系，使字母与字母之间的空白感觉相同，线条密度和浓度均匀。因此，方形字体与方形字体相邻，字距最大；方形字体与圆形字体相邻，字距次之；方形字体与三角形字体、圆形字体与圆形字体相邻，字距再缩小；圆形字体与三角形字体相邻，两个字格靠近的边线几乎可以重合在一起；三角形字体相邻，笔画要互相迭入对方格内。因此，字距不能单纯以等分来处理，而应按实际情况来调整字母的大小和字母之间的间距关系，使空间编排均匀得体。

三、行　距

行距，是整篇行文的重要参数，行与行之间的疏密程度在决定阅读性的同时，还能使版面产生一定的秩序性和艺术性。行距一般是根据正文字号来决定的，一般要保持约为文字大小的1～2倍。文字行与行之间的巧妙留白，可有效地烘托画面主题，使版面布局清晰。小的行距能增加行与行之间的关系，大的行距能使行与行之间的文字识别性更强（图4-9）。具体而言，用做标题时，行距需适中，一般设置为标题文字的高度即可；用作目录时，行距可稍大，一般为文字高度的2～3倍，以利于将文字区分，使读者更为清晰地查看各标题主题内

图4-8　字母的作用空间

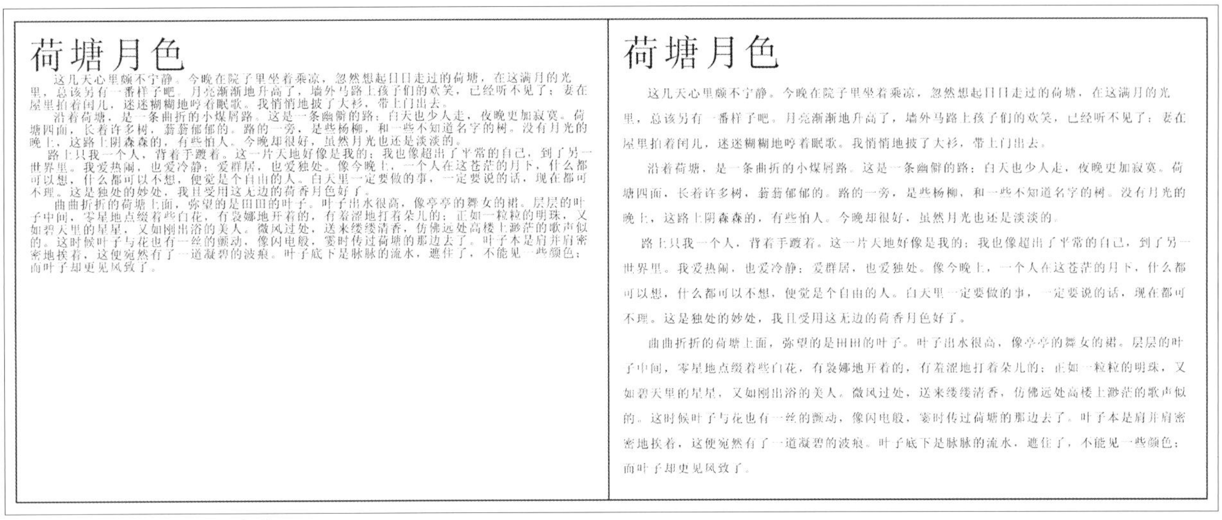

荷塘月色

这几天心里颇不宁静。今晚在院子里坐着乘凉，忽然想起日日走过的荷塘，在这满月的光里，总该另有一番样子吧。月亮渐渐地升高了，墙外马路上孩子们的欢笑，已经听不见了；妻在屋里拍着闰儿，迷迷糊糊地哼着眠歌。我悄悄地披了大衫，带上门出去。

沿着荷塘，是一条曲折的小煤屑路。这是一条幽僻的路；白天也少人走，夜晚更加寂寞。荷塘四面，长着许多树，蓊蓊郁郁的。路的一旁，是些杨柳，和一些不知道名字的树。没有月光的晚上，这路上阴森森的，有些怕人。今晚却很好，虽然月光也还是淡淡的。

路上只我一个人，背着手踱着。这一片天地好像是我的；我也像超出了平常的自己，到了另一世界里。我爱热闹，也爱冷静；爱群居，也爱独处。像今晚上，一个人在这苍茫的月下，什么都可以想，什么都可以不想，便觉是个自由的人。白天里一定要做的事，一定要说的话，现在都可不理。这是独处的妙处，我且受用这无边的荷香月色好了。

曲曲折折的荷塘上面，弥望的是田田的叶子。叶子出水很高，像亭亭的舞女的裙。层层的叶子中间，零星地点缀着些白花，有袅娜地开着的，有羞涩地打着朵儿的；正如一粒粒的明珠，又如碧天里的星星，又如刚出浴的美人。微风过处，送来缕缕清香，仿佛远处高楼上渺茫的歌声似的。这时候叶子与花也有一丝的颤动，像闪电般，霎时传过荷塘的那边去了。叶子本是肩并肩密密地挨着，这便宛然有了一道凝碧的波痕。叶子底下是脉脉的流水，遮住了，不能见一些颜色；而叶子却更见风致了。

荷塘月色

这几天心里颇不宁静。今晚在院子里坐着乘凉，忽然想起日日走过的荷塘，在这满月的光里，总该另有一番样子吧。月亮渐渐地升高了，墙外马路上孩子们的欢笑，已经听不见了；妻在屋里拍着闰儿，迷迷糊糊地哼着眠歌。我悄悄地披了大衫，带上门出去。

沿着荷塘，是一条曲折的小煤屑路。这是一条幽僻的路；白天也少人走，夜晚更加寂寞。荷塘四面，长着许多树，蓊蓊郁郁的。路的一旁，是些杨柳，和一些不知道名字的树。没有月光的晚上，这路上阴森森的，有些怕人。今晚却很好，虽然月光也还是淡淡的。

路上只我一个人，背着手踱着。这一片天地好像是我的；我也像超出了平常的自己，到了另一世界里。我爱热闹，也爱冷静；爱群居，也爱独处。像今晚上，一个人在这苍茫的月下，什么都可以想，什么都可以不想，便觉是个自由的人。白天里一定要做的事，一定要说的话，现在都可不理。这是独处的妙处，我且受用这无边的荷香月色好了。

曲曲折折的荷塘上面，弥望的是田田的叶子。叶子出水很高，像亭亭的舞女的裙。层层的叶子中间，零星地点缀着些白花，有袅娜地开着的，有羞涩地打着朵儿的；正如一粒粒的明珠，又如碧天里的星星，又如刚出浴的美人。微风过处，送来缕缕清香，仿佛远处高楼上渺茫的歌声似的。这时候叶子与花也有一丝的颤动，像闪电般，霎时传过荷塘的那边去了。叶子本是肩并肩密密地挨着，这便宛然有了一道凝碧的波痕。叶子底下是脉脉的流水，遮住了，不能见一些颜色；而叶子却更见风致了。

图4-9　大小行距的差异

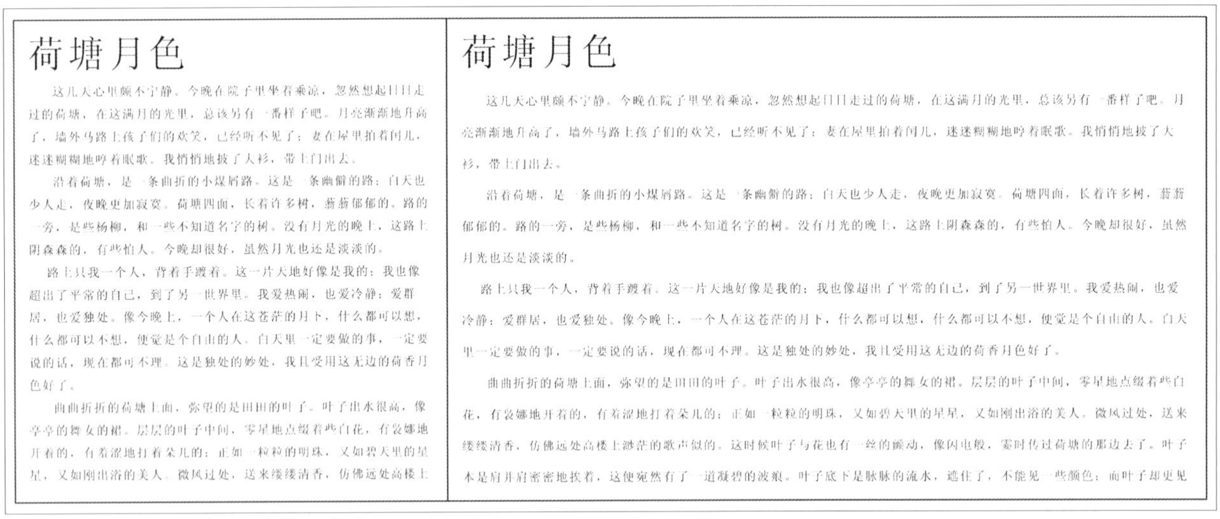

荷塘月色

这几天心里颇不宁静。今晚在院子里坐着乘凉，忽然想起日日走过的荷塘，在这满月的光里，总该另有一番样子吧。月亮渐渐地升高了，墙外马路上孩子们的欢笑，已经听不见了；妻在屋里拍着闰儿，迷迷糊糊地哼着眠歌。我悄悄地披了大衫，带上门出去。

沿着荷塘，是一条曲折的小煤屑路。这是一条幽僻的路；白天也少人走，夜晚更加寂寞。荷塘四面，长着许多树，蓊蓊郁郁的。路的一旁，是些杨柳，和一些不知道名字的树。没有月光的晚上，这路上阴森森的，有些怕人。今晚却很好，虽然月光也还是淡淡的。

路上只我一个人，背着手踱着。这一片天地好像是我的；我也像超出了平常的自己，到了另一世界里。我爱热闹，也爱冷静；爱群居，也爱独处。像今晚上，一个人在这苍茫的月下，什么都可以想，什么都可以不想，便觉是个自由的人。白天里一定要做的事，一定要说的话，现在都可不理。这是独处的妙处，我且受用这无边的荷香月色好了。

曲曲折折的荷塘上面，弥望的是田田的叶子。叶子出水很高，像亭亭的舞女的裙。层层的叶子中间，零星地点缀着些白花，有袅娜地开着的，有羞涩地打着朵儿的；正如一粒粒的明珠，又如碧天里的星星，又如刚出浴的美人。微风过处，送来缕缕清香，仿佛远处高楼上

荷塘月色

这几天心里颇不宁静。今晚在院子里坐着乘凉，忽然想起日日走过的荷塘，在这满月的光里，总该另有一番样子吧。月亮渐渐地升高了，墙外马路上孩子们的欢笑，已经听不见了；妻在屋里拍着闰儿，迷迷糊糊地哼着眠歌。我悄悄地披了大衫，带上门出去。

沿着荷塘，是一条曲折的小煤屑路。这是一条幽僻的路；白天也少人走，夜晚更加寂寞。荷塘四面，长着许多树，蓊蓊郁郁的。路的一旁，是些杨柳，和一些不知道名字的树。没有月光的晚上，这路上阴森森的，有些怕人。今晚却很好，虽然月光也还是淡淡的。

路上只我一个人，背着手踱着。这一片天地好像是我的；我也像超出了平常的自己，到了另一世界里。我爱热闹，也爱冷静；爱群居，也爱独处。像今晚上，一个人在这苍茫的月下，什么都可以想，什么都可以不想，便觉是个自由的人。白天里一定要做的事，一定要说的话，现在都可不理。这是独处的妙处，我且受用这无边的荷香月色好了。

曲曲折折的荷塘上面，弥望的是田田的叶子。叶子出水很高，像亭亭的舞女的裙。层层的叶子中间，零星地点缀着些白花，有袅娜地开着的，有羞涩地打着朵儿的；正如一粒粒的明珠，又如碧天里的星星，又如刚出浴的美人。微风过处，送来缕缕清香，仿佛远处高楼上渺茫的歌声似的。这时候叶子与花也有一丝的颤动，像闪电般，霎时传过荷塘的那边去了。叶子本是肩并肩密密地挨着，这便宛然有了一道凝碧的波痕。叶子底下是脉脉的流水，遮住了，不能见一些颜色；而叶子却更见

图4-10　长短行合适行距的差异

容；用作正文时，全文行距需保持一致；用作介绍时，行距应视具体内容而定。

大写字母的行距大于或等于字母高的1/2。长行文字的行距要稍大些，甚至可以为字高的2/3，但最大不宜超过一个字母的高度，否则会造成阅读困难，这与汉字排列有些相似；反之，短行文字的行距可稍小些，或为1/3，但不能使行距小于字距（图4-10）。小写字母的行距要根据上行字母的底线和下行字母的顶线进行调整，一般以两者不相影响为准，大约应为中间可嵌一个字母"O"的距离，或稍大一些，但决不能少于二分之一"O"字母的距离。

总之，版式设计中，对字体种类的选用、字号大小的设置、字距和行距疏密的编排，都是字体表现形式的主要组成部分。不仅要充分考虑到文字的视觉冲击力，还要形成秩序和平衡的感觉。要达到这一目的，必须考虑文字在版式中的整体诉求效果，给人以清晰的视觉印象。

第三节　段落、栏宽

段落与段落之间通常需要一定的距离来提醒读者上一段文字的结束和下一段文字的开始，段与段之间是相对独立的，合理的段距可以适当消除阅读整篇文字后所产生的疲劳感。

而在图文结合的版面中，段落文字的栏宽设置就显得尤为重要，设置文字的栏宽时，可根据图片的宽度和内容进行具体调整。当整个版式中有多张尺寸整齐的图片时，文字栏宽和图片栏宽可设置为一致，以方便规范文字和画面的统一（图4-11）；当图片占有整个版面，文字栏宽无法与图片栏宽一致时，可根据版式设计需要、图片效果、文字数量等进行通盘考虑，进行自主选择和设计（图4-12）。

在进行具体的版面设计过程中，段落的位置和栏宽设计相对是较为灵活的。可根据段落之间的联系来调整段落的位置，段落的位置安排首先应该考虑各个段落之间的关系，联系越紧密则位置宜靠近一些，反之则可以将段落文字的位置进行自由调整，或适当拉开距离；再者要考虑其他版面构成元素与段落之间的关系；版面的尺寸和文字量也是不容忽视的因素，若画面尺寸较小且文字很多，则应尽量将

图4-11　栏宽与图片的统一

图4-12　段落的栏宽与位置的自主设计

段落文字安排得紧凑一些（图4-13），反之，则可按照前面所讲的来合理安排段落文字的位置（图4-14）。还可根据版面的风格改变段落的排列方式，对版面元素的合理协调安排，可使版面具有秩序性和条理性，从而获得更好的视觉效果。按照排列方向可将段落排为横排或竖排，按照对齐效果可进行左对齐、右对齐、居中对齐、两端对齐等。进行段落文字排列前，应首先考虑整个版面的风格，再进行段落文字排列方式的调整。如中式风格版面中，因古典元素较多，其段落文字多为竖排，字体也多选用有饰线的宋体等（图4-15）。

图4-13　紧奏的文字安排

图4-14　轻松的文字安排

图4-15　中式排版

第四节 文字的编排形式

一、文字层级与强调

所谓文字的层级是指要正确处理好标题、正文与注释之间的关系。通过对字体层级关系的处理，可以使版面中的文字呈现出一种有组织、有层次、有逻辑的视觉关系，从而达到信息有效传达的目的。一般情况下，我们会选择通过对文字的字号和字体的区分来完成文字层级关系的体现，通过一系列字体和字号的规划和区域划分，能够在页面中形成一个方便读者阅读的文字层级系统（图4-16、图4-17）。

为了突出版面中某些文字的重要性，我们需要通过改变色彩的方式，使这些文字凸显出来

图4-16 改变字号

图4-17 改变字体

追忆似水流光

他擅长营造浮光掠影的颓靡，影像如幻梦空花，似乎缺少确凿的根基，但又总能准确捕捉到你情感上的纤毫细腻，他的故事在字词

他的故事在字词之间，表达却在言语之外。你会在瞬间为他所吸引，但具体感觉却难以名状，其实喜欢也好厌恶也罢，他永远唯一。因为每一个演员他们不迷，就不会走到这个行当里面；要是他们没有对演出有这份热情的话，他们也不会达到自己的成就。我想，他们在我的电影里面发现，有人会让他这样的一个空间、一个时间去魔。还有最大的是他们会有一个安全感，他们会知道在我的镜头前面演出的话，我会保护他们。其实我认为这个电影里面每一个演员的表演都非常出彩，可能不是一时一地的看法，到某一天或者你再看清楚的时候，三天或者一个星期之后，你会感觉，"哎，原来这个道理在那边！"因为对我来说，这部电影里面每一个演员都很出彩，这是我感觉很开心的一点，我为他们开心，因为他们每一个

追忆似水流光

他擅长营造浮光掠影的颓靡，影像如幻梦空花，似乎缺少确凿的根基，但又总能准确捕捉到你情感上的纤毫细腻，他的故事在字词

他的故事在字词之间，表达却在言语之外。你会在瞬间为他所吸引，但具体感觉却难以名状，其实喜欢也好厌恶也罢，他永远唯一。因为每一个演员他们不迷，就不会走到这个行当里面；要是他们没有对演出有这份热情的话，他们也不会达到自己的成就。我想，他们在我的电影里面发现，有人会让他这样的一个空间、一个时间去魔。还有最大的是他们会有一个安全感，他们会知道在我的镜头前面演出的话，我会保护他们。其实我认为这个电影里面每一个演员的表演都非常出彩，可能不是一时一地的看法，到某一天或者你再看清楚的时候，三天或者一个星期之后，你会感觉，"哎，原来这个道理在那边！"因为对我来说，这部电影里面每一个演员都很出彩，这是我感觉很开心的一点，我为他们开心，因为他们每一个

图4-18 改变色彩

（图4-18）。除此之外，我们还可以运用以下几种方式来完成：一是通过画线、线框或图标来达到对该处文字的强调作用；二是打破读者的阅读习惯，采用特殊的排版方式来突出部分文字，可以让读者首先看到该部分的内容；三是首文字强调，即对文本中的第一个文字或字母进行强调，可以使读者明确该文本的起始位置。

二、标题文字编排

标题在版面中的作用不可小觑，标题的位置、字体、大小、形状、方向关系着整个版面的艺术风格。其中，标题字体选择得当、字体特效到位，能够对版面内容起到绝对的强调作用；标题字的位置不一定置于正文的上方，也可以放于正文中间、左右两边等，可根据正文内容进行多种创新尝试；标题字的编排不宜过度摆弄字体，以免影响阅读，重要的是要关注标题字内部的组织结构，并对标题字进行穿插、叠加、填充、相接、联合、减法、重合、大小对比、空间应用等构成尝试（图4-19）。另外，标题字的色彩选择也较为重要，当颜色与字体组合在一起时，文字的易读性就要靠色

图4-19 标题的构成尝试

图4-20　标题色彩的易见性

彩的对比来保证，其中最基本的原则是：背景与字体在色相、明度、纯度上越接近，文字的易读性就越低，反之，对比越强，则越易于识别（图4-20）。

三、正文文字编排

对于正文文字的编排，文本的信息本身才是最重要的，设计者首先要明确它的主题思想，才能选择最佳的表现字体和形式，继而还要把握好文字之间的逻辑关系和节奏感。版式设计中，文字的对齐方式是文字编排的重要形式，即指文字在文本段落中所处的位置关系。一般情况而言，文字在版式中的对齐方式主要有：左右均齐编排（图4-21）、左对齐编排（图4-22）、右对齐编排（图4-23）、居中对齐编排（图4-24）和文字绕图编排（图4-25）等，其中，各种编排形式各具特色，可根据正文内容需要进行合理选择。

The village is surrounded by water, the rivers vertically and horizontally, the shape of the island, a small island called "?". Small Chau Village extant 136 historical buildings, distributed in the East, South, West, north, ca... Xiaozhou Village is the Pearl River Delta region of rivers and Lakes Village, complete preservation of the "small bridge, flowing water, they" natural beautiful scene of the countryside. A river Yong, Shi Gang network village, around the village. The streets of ancient lane layout, antique, and preserved many historic buildings, there is the ancestral hall, temple, tower, village wall, pier, ancient and old trees. The village has formed "the river flows through the streets around the village, the bridge, along the Bay Street set fruit, gatehouse, white stone street shop, river fish swim, a stone bench, house, fruit fragrance," south of the Five Ridges water village characteristics. The village inside river must bridge, boat from the river in a small stone bridge over the stone bridge, along the bay behind the lead in all directions, a stone water, boat moored.Except for the near University City, where together with small Chau and art studio snack shop, farm vegetables, also become leisure tourists stay. Tourists flock, breaking the former quiet, now small Chau village has a little sense of how many times, the only worthy of that benefit is "art van canteen" emerged, sat wooden chair stool in the quaint village house, a bowl of a few money rice rolls and sugar, corner cafe coffee fragrance, with gastric regain "troubled times" in a gentle.Small Chau Village extant 136 historical buildings,

图4-21　左右均齐

The village is surrounded by water, the rivers vertically and horizontally, the shape of the
island, a small island called "?". Small Chau Village extant 136 historical buildings,
distributed in the East, South, West, north, ca.. Xiaozhou Village is the Pearl River Delta
region of rivers and Lakes Village, complete preservation of the "small bridge, flowing
water, they" natural beautiful scene of the countryside. A river Yong, Shi Gang network
village, around the village. The streets of ancient lane layout, antique, and preserved many
historic buildings, there is the ancestral hall, temple, tower, village wall, pier, ancient and
old trees. The village has formed "the river flows through the streets around the village, the
bridge, along the Bay Street set fruit, gatehouse, white stone street shop, river fish swim, a
stone bench, house, fruit fragrance," south of the Five Ridges water village characteristics.
The village inside river must bridge, boat from the river in a small stone bridge over the
stone bridge, along the bay behind the lead in all directions, a stone water, boat
moored.Except for the near University City, where together with small Chau and art studio
snack shop, farm vegetables, also become leisure tourists stay. Tourists flock, breaking the
former quiet, now small Chau village has a little sense of how many times, the only worthy
of that benefit is "art van canteen" emerged, sat wooden chair stool in the quaint village
house, a bowl of a few money rice rolls and sugar, corner cafe coffee fragrance, with gastric
regain "troubled times" in a gentle.

图4-22 左对齐

The village is surrounded by water, the rivers vertically and horizontally, the shape of the
island, a small island called "?". Small Chau Village extant 136 historical buildings,
distributed in the East, South, West, north, ca.. Xiaozhou Village is the Pearl River Delta
region of rivers and Lakes Village, complete preservation of the "small bridge, flowing
water, they" natural beautiful scene of the countryside. A river Yong, Shi Gang network
village, around the village. The streets of ancient lane layout, antique, and preserved many
historic buildings, there is the ancestral hall, temple, tower, village wall, pier, ancient and
old trees. The village has formed "the river flows through the streets around the village, the
bridge, along the Bay Street set fruit, gatehouse, white stone street shop, river fish swim, a
stone bench, house, fruit fragrance," south of the Five Ridges water village characteristics.
The village inside river must bridge, boat from the river in a small stone bridge over the
stone bridge, along the bay behind the lead in all directions, a stone water, boat
moored.Except for the near University City, where together with small Chau and art studio
snack shop, farm vegetables, also become leisure tourists stay. Tourists flock, breaking the
former quiet, now small Chau village has a little sense of how many times, the only worthy
of that benefit is "art van canteen" emerged, sat wooden chair stool in the quaint village
house, a bowl of a few money rice rolls and sugar, corner cafe coffee fragrance, with gastric
regain "troubled times" in a gentle.

图4-23 右对齐

The village is surrounded by water, the rivers vertically and horizontally, the shape of the
island, a small island called "?". Small Chau Village extant 136 historical buildings,
distributed in the East, South, West, north, ca..
Xiaozhou Village is the Pearl River Delta region of rivers and Lakes Village,
complete preservation of the "small bridge, flowing water, they" natural beautiful scene of
the countryside.
A river Yong, Shi Gang network village, around the village. The streets of ancient lane
layout, antique, and preserved many historic buildings,
there is the ancestral hall, temple, tower, village wall, pier, ancient and old trees.
The village has formed "the river flows throu
gh the streets around the village, the bridge, along the Bay Street set fruit, gatehouse,
white stone street shop, river fish swim,
a stone bench, house, fruit fragrance," south of the Five Ridges water village
characteristics.
The village inside river must bridge, boat from the river in a small stone bridge over the
stone bridge, along the bay behind the lead in all directions,
A stone water, boat moored.
Except for the near University City, where together with small Chau and art studio snack

图4-24 中间对齐

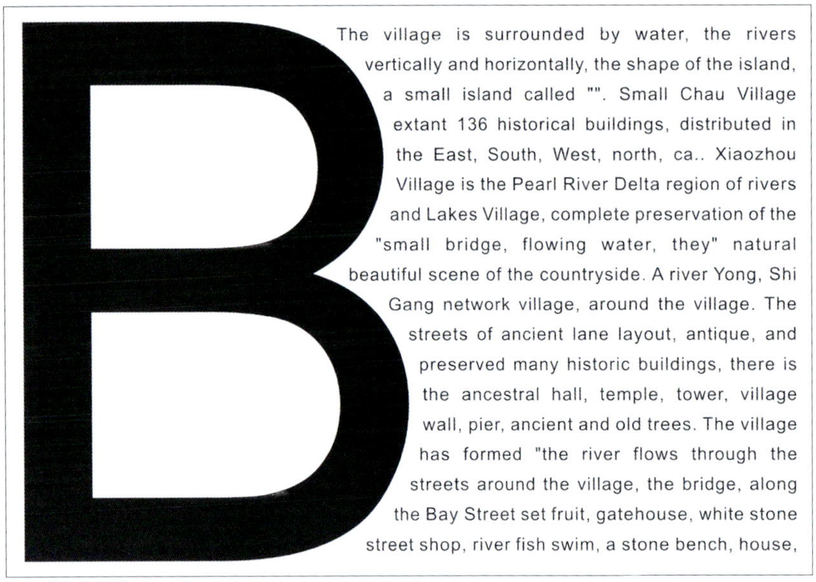

图4-25　文字环绕

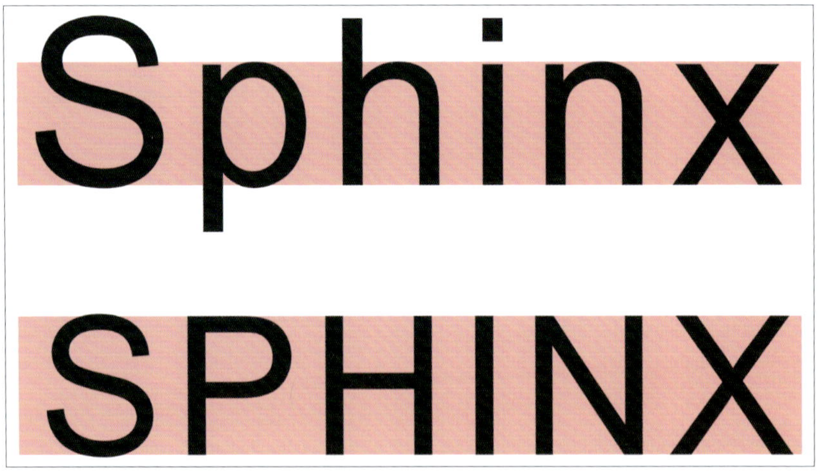

图4-26　基线对齐

四、外文的排版规律

世界上的文字大致可分为东、西两大文字体系，即东方的汉字体系和西方的拉丁文字字母体系。今天世界上应用拉丁字母的有六十多个国家，拉丁字母实际上已成为世界通用的字母。我们所讲的外文的排版规律即是针对拉丁字母的排版而言。

外文的排版原则上来讲与中文的排版在方法和规律方面并没有本质上的不同，只是因为拉丁字母的字形和结构方面的特征需要在排版时注意以下几点：

（1）由于外形简约，字符总数共52个(大小写全包括)，所以拉丁字母的设计制作总是比较简单，有成千上万的字体可选也就不足为奇了。有些字体是质量较好的，有些则不是，但所有字体所共有的规则是其字符不可以随意堆叠在一起。

（2）拉丁字符使用方法的一个重要特点是与所谓的基线对齐（图4-26）。大写字母的书写仿佛都站立于一条水平直线之上，向“下”对齐，使用小写字母时，基线系统发展得更为复杂。

（3）英文字体字面的宽度和文字的宽度是相等的，因此在排列相同的英文字体的时候，会由于字体特征的差异造成行长的变化（图4–27）。

（4）一般说来，词间距与一个字体中包含字符的宽度和粗度有关，因为它们决定了字母内部的空间。因此，字形较为舒展的字体需要较大的词间距，字形紧收的字体的词间距应较小（图4–27）。与字符间距相同，词间距也需要在字号变大的时候相应增加。

A little boy and a little girl	01	07	A little boy and a little girl
A little boy and a little girl	02	08	A little boy and a little girl
A little boy and a little girl	03	09	A little boy and a little girl
A little boy and a little girl	04	10	A little boy and a little girl
A little boy and a little girl	05	11	A little boy and a little girl
A little boy and a little girl	06	12	A little boy and a little girl
Arial black	01	07	Bodoni MT Black
Berlin sans FB Demi	02	08	Bernard MT Condensed
Bauhaus 93	03	09	Bodoni MT
Berlin Sans FB	04	10	Basker Ville Old Face
Arial	05	11	Bodoni MT Condensed
Arial Narrow	06	12	Bodoni MT Poster Compres

图4–27

（5）英文排版的行距可以比较窄，以英文为主的版式，其行距的设置较为灵活，需要考虑当前文字的主要作用是什么，有什么特殊的要求，以对行距进行专门调整。一般来说，正文文字的行距是正文字号点数的1倍以上，而标题文字的行距会是字号点数的1/2左右。

（6）英文字体种类繁多，可以根据版面要求选择最为恰当的字体进行设计；英文字体单词与单词之间需要留有空格，单词内包括一些不发音的字母等，同时注意不要把一个单词拆开之后进行换行排列。

5 第五章

版式设计的图形理论

第一节 图片的应用

图片具有文字难以描述的视觉表现力。从平面设计的角度讲，图片能在二维空间中以更加丰富的形象与形式有效地传达画面信息，使平面具有三维的空间感，丰富版面效果。一般来说，版面中的图片较少即图版率较低时，受众的阅读兴趣会比较低；当图片增加图版率升高时，受众的阅读兴趣也会随之增加。

一、图片分类及图片选择

（一）图片的分类

大多的图片都来源于摄影。在拍摄的过程中，摄影师会进行多角度、多构图的拍摄，并提供给设计者可供选择的多种图片素材。这些图片中包括了不同的内容，并各自具有不同的性质。

1. 根据拍摄对象分类

按照拍摄对象各自所属范畴的不同分类，是进行图片分类的基本方法之一。对拍摄对象的分类其实是多种多样的，比如以时尚杂志为例，其图片构成包括在摄影棚中所拍摄的广告模特图片、在街边拍摄的随机图片、商店的外观或内景之类的风景图片、商品图片或场景图片等很多不同的类别。

根据拍摄对象可将图片分为：人物图片、动物图片、静物图片和风景图片，其中风景图片又分为室内风景与室外风景。

2. 根据图片的色调分类

图片的亮度和色调也可以作为图片分类的一项标准。整体色调明亮和整体色调灰暗的图片带给人不同的印象。在彩色页面中，不同的照片可以通过相同的色系进行区分。如根据主要图片的颜色进行页面的整体色彩搭配，使页面产生和谐统一的色彩效果；相反，也可以通过在相同色系的图片中混入不同色调的图片，来突出某个信息或强调某种色彩效果。

依据色调可将图片分为彩色图片、黑白图片、亮色图片、暗色图片，以及暖色系、冷色系、红色系、绿色系、蓝色系等。

3. 根据图片的构图和拍摄角度分类

与摄影对象相对应的机位很重要，例如纵向、横向的基本的构图自不必说，另外仰视、俯视、朝左、朝右、正面等不同角度的图片，效果也各不相同；距离较近的“特写”和距离较远的“全景”，这两种情况下拍摄的图片带给观者的印象具有很大的差别。

根据图片的构图和拍摄角度的不同，可将图片分为正面图、侧面图、俯视图、仰视图，正中、靠左、靠右，焦点在前、焦点在后等图片。

4. 根据照片的功能和意味分类

在进行图片分类的过程中，如果能够先理解各图片所具有的功能和意味，就可以轻松地对图片进行分类了。处理这些图片时必须注意的是，设计者需明确设计委托方的要求，委托方需要什么样的页面整体策划和页面结构，根据这些具体的内容和要求，图片各自的功能和呈现方式也就凸显出来了。

根据图片的功能可将图片分为：作为主要视觉形象而拍摄的图片、为说明被拍摄对象的状态而拍摄的图片、为强调页面的某种效果或氛围而拍摄的图片等。

（二）图片的选择

既然图片在版式中发挥着如此重要的作用，那么如何挑选图片就成了版式设计的重点。设计者在进行版面设计时，可以根据版面所强调的主题与内容挑选合适的图片。

1. 远景和近景图片的选择

与拍摄主体距离的远近，将会在很大程度上影响图片所呈现的心理印象。近距离的特写照会给人以亲切感，唤起主观的感情意识（图5-1）；反之，若是远距离的全景照，则能够客观地认识空间与现场状况（图5-2）。具体到

图5-1

图5-2

设计时，则需要对版面中的其他图片及视觉元素进行分析，进而选择适合的图片。

2. 静态和动态图片的选择

若版面中的其他图片都是静态的，使用一张动态的图片能很好地将整个版面的气氛带动起来，使版面充满动感（图5-3）；使用静态的图片则会让整个版面看起来更加平静（图5-4）。这需要考虑版面的主题和编排的初衷：希望以什么样的印象传达给受众，并结合版面中其他的视觉元素来选择图片。

3. 整体和局部图片的选择

表现整体的图片能看到整体的效果，表现局部的图片能看清楚产品的细节，若将两者结合在同一个版面中，可以让受众既看到整体又看到细节（图5-5）。

图5-3

图5-4

图5-5

二、图片的处理及合理编排

（一）图片裁切的要点

对图片进行裁切具有明确图片主题、调整拍摄对象在图片中的位置、调节镜头与拍摄对象之间的距离、向图片加入动势和变化等作用。在裁切不需要的图像区域时，注意把握不应裁掉的部分，如：人物的手、脚和头部等位置，否则会让画面显得不完整。另外，对本该裁掉的部分处理得不彻底，也会使图片变得难看，给人不舒服的感觉。

1. 根据版面效果确定裁切方向

通过对原图进行不同方式的裁切不仅可以改变图片原来的长宽比例，使裁切后的图片带给人不一样的视觉印象，还可以满足不同版面的需要，在尺寸有限的版面中进行图片编排时，可以根据该版面尺寸对图片进行合理的裁切（图5-6～图5-8）。

图5-6 原图（上） 分开裁切（下）

图5-7　原图（上）　局部裁切（下）

图5-8 原图（上） 裁切为竖向长方形（下）

2. 根据版面内容制作适合的图片外形

在版式设计中，对于图片外形的处理没有固定的模式，不同的版面会对图片的外形提出不同的要求，根据版面要求选择合适的处理方式才能让图片发挥最大的作用。

（1）出血版：增强视觉冲击力，让人感觉到图片本身饱满、开阔的效果（图5-9）。

（2）挖版：强调拍摄对象的外轮廓。希望页面具有一定动感的时候，这种方法是比较有效的（图5-10）。

图5-9

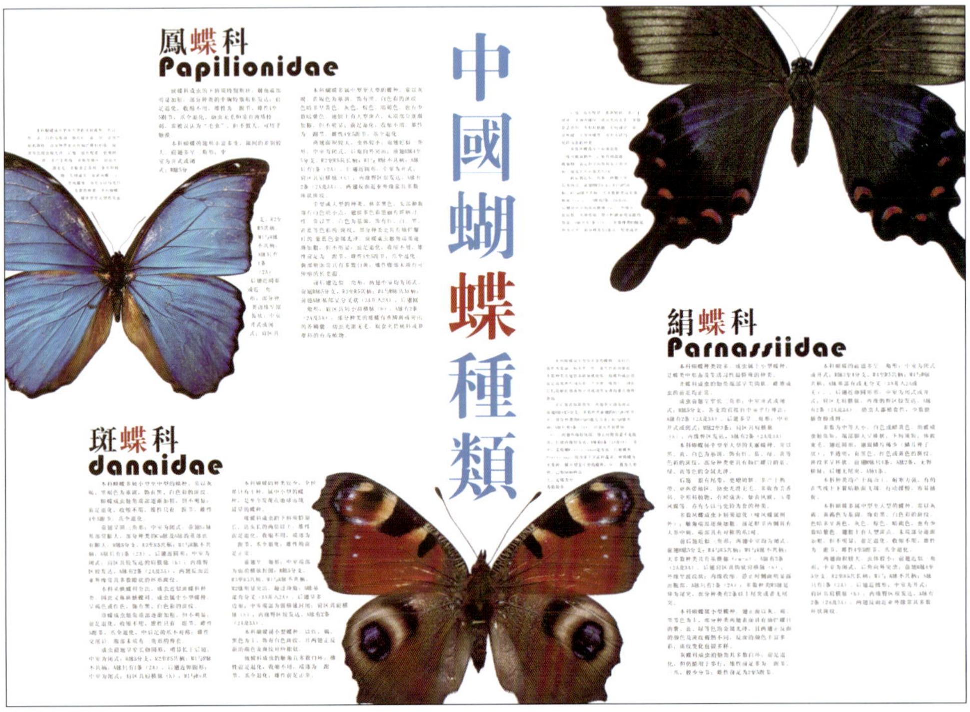

图5-10

（3）四边形图：效果比较自然，在一定程度上给图片本身带来平静、稳重的印象（图5-11）。

（4）圆形图：在保持图片外轮廓的同时，削弱四角张扬的感觉，具有人为特写的效果（图5-12）。

图5-11

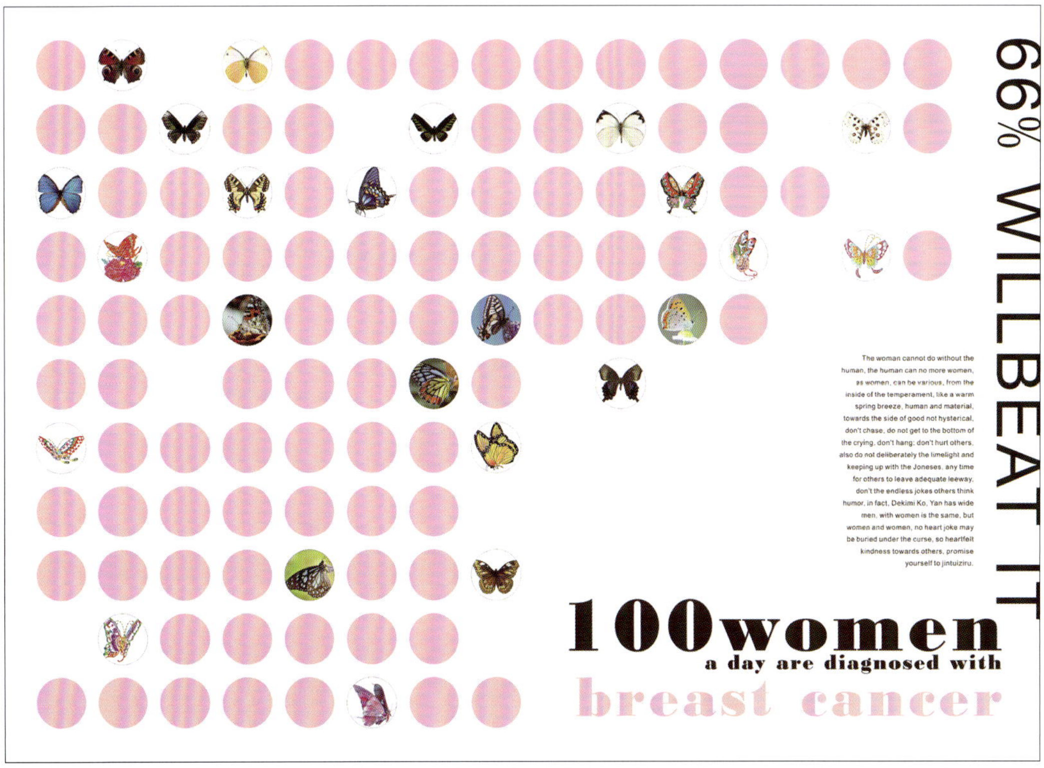

图5-12

（二）图片编排的规则

编排图片的目的是为了让版面符合受众的阅读习惯，增强版面信息的协调性与可读性。

1. 注意图片之间的逻辑关系

编排图片时，除了考虑图片的构图和位置，还应充分考虑图片间的逻辑关系。首先，将年长者的图片放在上面是一条基本规则；其次，在人物图片的头部上方勿放置其他物品，也是作为图片排版的基本礼貌，需谨记于心；再次，对于现实生活中常见的具有上下关系的情况来说，在图片编排时保持并体现出这种关系，遵循基本的自然规律，也可有效避免页面效果的不协调。如将天空的图片安排在页面上方，而将有分量物品的图片安排在页面下方（图5-13）；将仰视图片安排在页面上方，将俯视图片安排在页面下方等（图5-14）。

图5-13

图5-14

2. 把握同一主题中图片的联系性

图片中人物的视线方向将决定该图片的编排方式。特别是对于两人或两人以上的谈话类文章来说，图片中人物的视线应是相向互视的（图5-15），这在具体的编排时较为常见；而对于具有明显对立关系的双方，将图片中人物的视线朝向不同的方向可更加强调对立的关系（图5-16），以活跃版面气氛。需要注意的是，这种视线相反的处理方法，容易减少版面之间的联系，给阅读造成一定程度的影响。在编排其他物象的图片时，也可根据图片中物象的动势，决定图片的位置。此部分可参照后文第七章第四节的内容。

3. 注意图片的边线

图片的边线不仅包括外框的边线，还包括图片中能够让人感觉像边线的线条，比如地平线、海平面、高层建筑物的纵向线条等。借助这些边线来表现空间的延伸，可以让版面看上去更加开阔，图片之间的联系也更加紧密（图5-17）。

三、图片与文字的混合编排

图片通常不单独出现，而是与文字配合使用。

（一）图片与文字并置

1. 明确图片与文字之间的对应关系

以图片与文字说明的关系为例，文字说明与其对应的图片关系必须是明确的。因此，应尽量避免说明性的文字与具有对应关系的图片和其他图片之间的距离相等，以免难以分辨哪

图5-15

图5-16

图5-17

张图片与哪段文字是相互对应的关系。而应该将说明性文字与具有对应关系的图片之间的距离缩小，而与其他非对应关系的图片之间的间隔拉开（图5-18）。

2. 统一文字与图片的边线

作为一般性的规则，若是上下型的版面类型，即文字与图片分别处于页面的上下两个部分，应该将文段与图片的宽度统一起来，并在统一中加入变化，使版面协调、美观。若是左右型的版面类型，即文字与图片分别处于页面的左右两个部分，则应该按照图片的边缘来安排文段，如图5-19中，上图与中图的文字说明分别与图片的上边线与下边线相统一，而下图则是不彻底的处理方式。

3. 切勿用图片将文字切断

在文中插入图片时，可以考虑在文段的开头和结尾处插入图片。若一定要在文段中插入图片时，也应该注意不能影响文章的可读性，如在一行文字中间插入图片，会使读者不知应从什么地方继续读下去，造成阅读的不便。总之，插入图片时，应充分考虑在不妨碍视觉流程的同时进行版式设计（图5-20）。

（二）图片中插入文字

1. 使用与图片差别较大的颜色

一般情况下，会在深色的背景中选择白色的文字；在浅色的背景中选择黑色的文字。若要使用彩色的文字，也需保持文字与背景强烈的明度差（图5-21），否则，文字就不易被识别出来。

Prada Tatoo 系列

Fiocchetto 系列

Prada Tatoo 系列

Fiocchetto 系列

图5-18

FASHION TOP 风尚之巅创建于上世纪80年代的意大利佛罗伦萨，以时尚商务风格为设计主题的男装系列，注重版型和工艺细节，体现国际大牌风范，表达品牌创新、时尚的主题，同使男人变得更加挺拔、俊朗。FASHION TOP风尚之巅男装选用最先进的国际流行面料，使服装外观效果更加细致、挺括、舒适有型、塑造现代都市成功男性突破自我、个性休闲，品位十足的男士形象。

图5-19

图5-20

2. 选择较粗的字体

与纤细的文字相比，较粗的文字更容易引起注意。

3. 在文字下方添加底色

由于图片的关系，不论是与图片差别较大的颜色、还是较粗的字体都不能很好地被识别。在这样的情况下，可以考虑在文字下方添加底色（图5-22）以突出文字的内容。

图5-21

图5-22

第二节 图表的设计

一、图表特性

图表是一种典型的图文结合的表现方式，它泛指在可直观展示统计信息属性的、对知识挖掘和信息直观感受起关键作用的图形结构。在某些特殊的版式设计中，或是在一些数据较多的版面中，将数据设计为直观的图表结构，可以强调重点内容，使复杂问题简单化，也能够起到语言和文字本身起不到的作用。

信息的确是错综复杂的，那么如何展示其中的内在关系就很关键。我们在设计时可以对这些信息的属性进行抽象化的分析与研究，分析后得出一系列的数据，并将这些数据很好地和图形结合来达到信息图表的最佳宣传效果。把信息图形化、可视化表达时具有以下八大属性：多样性、优先性、时间性、主题性、空间性、相关性、数量性，在进行具体的设计时，要使每一个图表信息都具有较强的属性特征表现，这样就可以使图表在视觉化传递信息的同时，拥有更加科学的信息基础。值得一提的是，信息图表并不是简单的数据罗列，而是要在展示数据的同时，增强画面的形式感，并赋予版式画面以艺术性和创造性的表现。

二、图表的编排

在进行图表的设计表现时，一定要注意图表的选择，若选择了不合适的图表，就无法表现出想要表现的主题。下面我们通过几种常用的图表结构形式来进行详细的讲述：

1. 圆形图表

一般情况下，可以用圆形图表来表现百分率。圆形图表主要用来表示整体中的各项内容的比率，其中各项内容的和为100%，但这不适用于绝对数值的比较，它的主要功能是表示母数相同的情况下各部分的比率。其特点是：各项内容所占的比率分别以扇形来表示，而各项内容的总和则通常为100（图5-23）。

2. 柱状图表

与圆形图表不同的是，柱状图表是适合绝对数值比较的图表样式。它的主要特征表现在：适合表现各项内容的绝对差别；可通过色柱的长度来表现各项内容的数值；不适合相对比率的表现。

实际设计表现中，可将各项内容的数量等数值通过色柱的长短来表示，使读者能够进行视觉化的比较。从样式上看，柱状图表包括数值越大、色柱越高的纵向柱状图表和横向伸展

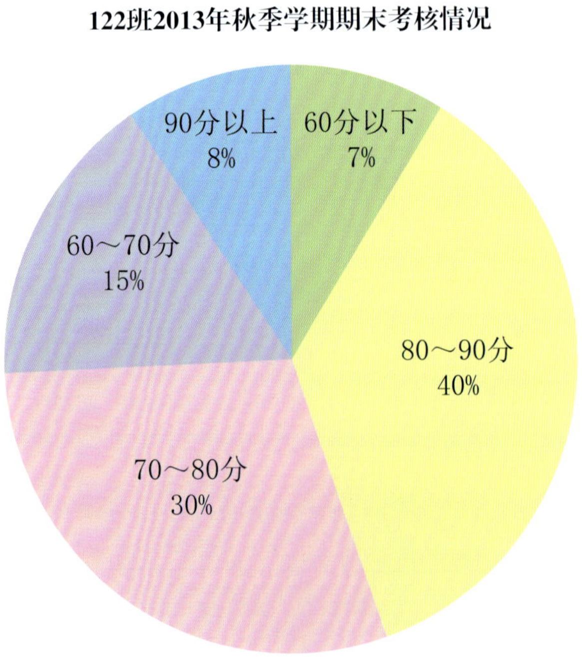

图5-23

的横向柱状图表两种，但两者所表现的内容是相同的（图5-24）。

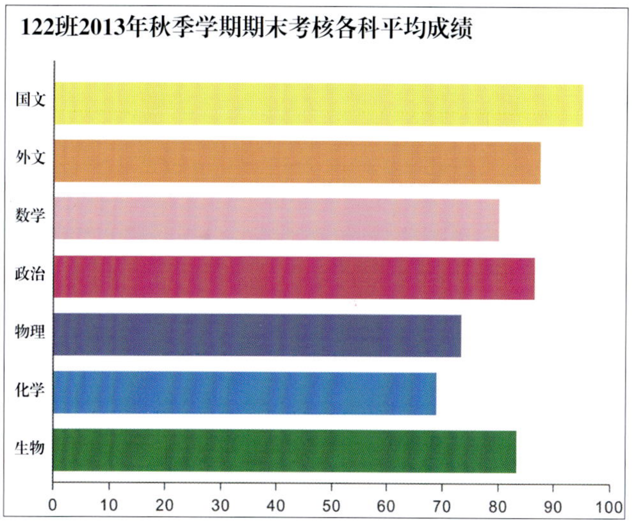

图5-24

3. 折线图表

将某一个时间点上的数值用点来表示，并将很多点之间用线段连接，就是折线图表。它的主要特征在于：可以表现因时间的不同而产生变化的数据；某时间点的数值用点来表示，将许多的点用线段连起来构成；与柱状图表相比，可以同时显示较多的数据（图5-25）。

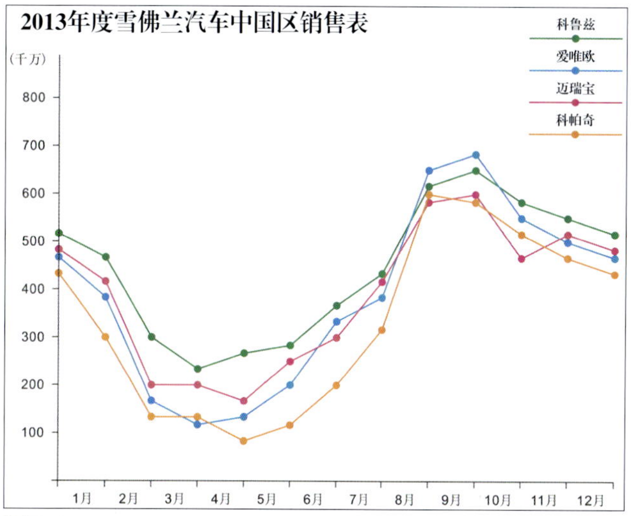

图5-25

此类图表适合于表现随时间而发生变化的数据，以及随时间的变化而在数值上呈现出某种变化的趋势。在图表的制作过程中，需要注意的是折线线段的粗细和点之间应有所区分，以避免代表数值的点变得不易辨识，同时还要改变每项内容的折线的颜色，以保持图片的清晰易懂。

4. 雷达图表

雷达图表可以通过某种形状来表现各项内容的性质或平衡，通过多项数据的组合从而可以进行比较。具体来讲是指：按照从圆的中心开始以放射状发散开的轴线安排某项内容的数值，根据这些形状则可以表现出某种性质，越靠近中心，数值越小，越靠近外侧，数值越大（图5-26）。

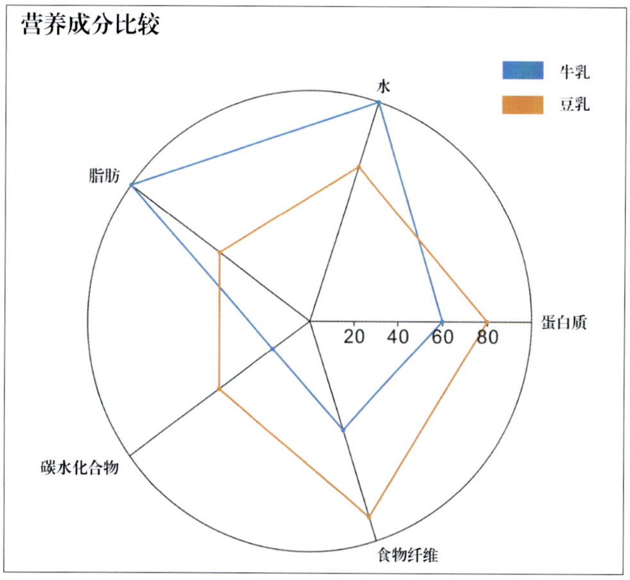

图5-26

此类图表可以同时表现复杂的数据内容并对其进行比较，一般来说，图表的面积越大越方便，图表的形状越接近圆形，则各项内容之间的差别越小，表示各项内容之间取得的平衡。

5. 散布图表

散布图可用来表示数据的动向或趋势，

它主要是通过点来表示与各个数据相对应的位置，并通过点的分布情况来表示出整体的动向或趋势。

散布图表上每一个点对应一个数据，点的分布越密集的地方，说明其附近所对应的数据越多。也就是说，点的分布越少的地方，说明这里存在着某种倾向或规律，点的分布密集激烈的地方，则规律就越难于把握（图5-27）。

值得一提的是，图表是为了把数据进行数据化处理从而使其变得清晰易懂。图表的制作并不是简单地将数据进行视觉化处理，设计的方便识别性也是非常重要的，这就需要注意图表的形状和颜色等，设计出与题目相配的外观。

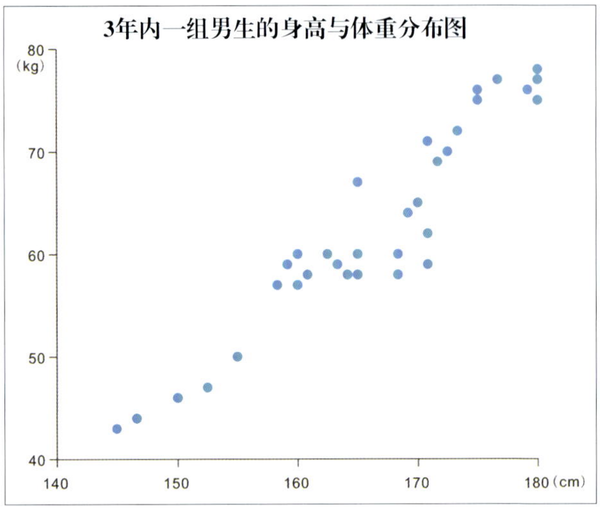

图5-27

第三节 插图的运用

一、插图的特性

插图是对信息进行视觉化表现的形式之一，它与照片有着不同的特征，也具有不同的表现方式。插图与照片最大的不同在于：照片是对现实情况的再现，而插图却很难对现实情况进行完全表现，相对照片而言，它不够真实（图5-28）。了解了其中的区别之后，我们在设计时就要根据具体的需要进行合适的选择，但这并不是说照片比插图好，设计中也存在很多只能借助于插图特征的灵活性运用才能够得以表现的内容。其具体使用方法如下：对除人以外的东西进行拟人化的表现；对实际生活中不能出现的情况进行表达；将眼睛无法看到的东西进行视觉化的表现；对现实生活中看不到的意向效果进行视觉化的表现等。

图5-28

二、插图的选用

插图的种类各不相同，其作用和效果也各不相同，此时对插图进行适当的分类掌握就显得特别重要，它不仅仅是指自己进行插图的制作并将其作为排版的内容进行处理，同时还需要向插图作者定制插图等。在具体的版式设计中，如需用到插图，首先应该考虑的是插图在页面中如何进行使用的问题，在选用插图时，必须根据页面版式的具体情况，对插图的笔触和使用尺寸等各方面内容进行具体调整。

大概而言，在插图的具体处理过程中，可以分为四边形形式和自然形形式（图5-29），其中自然形形式的插图很少从插图中间进行剪裁。设计过程中，应该在插图的绘制或预定之前，明确地确定是要选用四边形形式的插图还是自然形形式的插图。由于绘制插图作者的不同，插图作品的效果也有所不同，在设计过程中要根据页面效果的设定对插图轮廓线和具体的线条质感进行选择划分（图5-30），以避免因为这些因素而带给读者负面的印象。

三、插图的安放

在页面中使用插图时，安放插图的空间把握非常重要。如果改变原始插图的整体放缩率，则插图线条的粗细也会随之变化，设计者要注意这些变化对页面排版效果所产生的影响。其中一种较好的处理方法就是：在进行页面设计时，首先确定正确的插图安放空间，并根据这个空间的大小和形状来定制插图（图5-31）。在上述方法得不到实现的情况下，则要根据页面排版的整体情况绘制草图，确定插图所应该占有的大体空间，以避免对整体版面造成不良影响和大的偏差。

图5-29

图5-30

图5-31

第六章

版式设计的色彩理论

与图形和文字相比，色彩具有更为感性的识别性能，对人的心理影响更为直接。现代商业设计对于色彩的应用更上升至“色彩行销”的策略，成为商品促销、品牌塑造的重要手段。本章主要从色彩方面探讨在平面编排设计中色彩与其他三个要素之间的关系，指出在设计中所遇到的与色彩有关的问题，并通过对实际案例的分析，提出解决色彩与文字、图形、版式之间的一系列问题的方法。

第一节 色彩的基础知识

一、无彩色系与有彩色系

无彩色系包括黑色、白色及黑白两色相混的各种深浅不同的灰色。它不具备色相、纯度等属性，只能用明度上的变化来表现。越接近白色明度越高，越接近黑色明度越低，所以黑色和白色又被称为极色。纯白是理想的完全反射的物体，纯黑是理想的完全吸收的物体，在现实生活中不存在纯白和纯黑的物体，有些颜色看上去像是无彩色系，但其实大部分都是接近无彩色系的色彩。

有彩色系包括可见光谱中的全部色彩，通过基本色之间不同量的混合可形成的众多种类的色彩。有彩色系的颜色具有色相、明度、纯度三个基本属性。它们也被称之为色彩的三大要素。熟悉和掌握色彩的三个基本属性，对认识色彩、研究色彩和表现色彩是极为重要的。

二、色相、明度和纯度

色相是色彩最大的特征，是指色彩不同的相貌，也称色彩的名称。它是以红、橙、黄、绿、青、紫的光谱色为基本色相并形成一定的秩序，将这些色彩首尾相接便形成色相环。色相环上位于相反位置的两个色相称为“补色”；相近位置的色相称为“类似色”；而处于以上两种关系之间的色相称为“对比色”。另外，红、橙、黄这类让人感觉温暖的色相组，称为“暖色系”；而绿、蓝、紫这类让人感到寒冷的色相组，称为“冷色系”。

明度指的是色彩的明暗程度。明度最高的是白色，最低的为黑色。因此，越接近白色，明度越高，越接近黑色，明度越低。一般而言，明度高的色彩看起来较为轻盈，明度低的色彩较为厚重。在对两个或两个以上的色彩进行编排时，明度对比越大，色彩越抢眼，越能给人明快的视觉印象。

纯度指色彩的鲜浊程度，也有人将其称之为艳度、彩度或饱和度。纯度最高的色彩称之为纯色，与其他色彩混合之后纯度降低，当纯度为零时，就成了灰色。所以红、橙、黄、绿、青、紫色等基本色相的纯度最高，黑、白、灰色的纯度为零。同一色相呈现出不同的纯度时，给人的印象也是完全不同的，一般来说，纯度越高越能给人活力的感觉，反之则给人朴实稳重的印象。

三、色　调

色调用来表示明度、纯度变化的综合状态，是色彩结构的整体印象。如鲜调、浊调、明调、中调、暗调等，在版式设计中，以相同或类似的色调为基础，页面效果将显得较为自然协调。

第二节　色彩与文字

在版式编排设计中，图文并存的情况并不少见，特别是在对本身包含无数种颜色的图片进行文字配色时，就要避免让文字有太复杂的颜色，但若是草率地设置某种单色，未必能够将图片的效果发挥到极致。因此，如何设置文字的颜色，并且不影响图片的效果就显得格外重要了。

一、从图片里汲取一个恰当的颜色

当页面中有一张主要图片或有多张拥有相同或相似颜色的图片时，可从主要图片中汲取字体的颜色。需要注意的是，若文字的位置是在白底或是在较浅的色底上的时候，需从图片中挑选较深的颜色来使用，这样既能够让文字与图片产生统一性，也能让文字与背景在明度上形成对比，使文字从背景中凸显出来，与图片共同形成色彩均衡的版面视觉效果（图6-1）。

图6-1

二、选择与图片色调一致的颜色

当页面中有大量图片时，可根据图片整体的色调以及色相来决定文字的用色。若图片为充满食欲诱惑的暖色调时，文字可以选择拥有相同色调且纯度较高的红、橙、黄等颜色与图片色彩形成视觉统一（图6-2）；若图片为理性冷静的冷色调时，文字的颜色可以考虑纯度较低且与图片色调一致的灰色（图6-3）。值得注意的是，有时候虽然选择了与图片色调一致的色彩作为文字的颜色，但由于底色较浅或较深的缘故，文字的易读性就会大打折扣，这就需要从明度上加强文字与底色的对比来解决上述问题。

不一样的年味

大约在西元三世纪由中国沿海地方传至日本，原先只是以盐腌制的咸鱼，后来改为以米饭腌鱼，制成后将鱼与米饭一起食用，这即是现今寿司料理的前身。虽然寿司最早来自中国，但在千馀年发展之后，却成为日本文化的代表之一！寿花色种类繁多，配料可以是生的，也可以是熟的，或者腌过的，似乎配料的不同，使得寿司的价格、档次差距甚大。

日本常说"有鱼的地方就有寿司"，这种食物据说来源于亚热带地区，那儿的人发现，如果将煮熟的米饭放进干净的鱼腹内，积在坛中埋入地下，便可长期保存，而且食物还会由于发酵而产生一种微酸的鲜味，这也就是寿司的原型。现在日本的寿司，主要是由专门的寿司店制作并出售，店中身着白色工作服的厨师，会根据顾客的要求，将去了皮的鲜鱼切成片和其它好材料码在等宽的米饭块上，由于各类鱼虾的生肉颜色不同，寿司也是五颜六色，十分好看。另外，日本家庭也会在特殊的场合，自制寿司款待宴客；但作法大都比较简单，并可在卷米饭的同时加入烤紫菜或鸡蛋片，咸菜之类。寿司在日本以外地区也十分流行，世界各地回转寿司式的寿司店也多不胜数。不过外国人有时会误把"寿司"与"刺身"混为一谈，这也是日本料理典型的印象之一。

不管是传统还是现代的寿司店，醋饭和鱼生的组合给了天才厨师最多的创意可能，超低的热量、无火的生食方式、有机的食材、新鲜的味道、漂亮的造型，寿司满足了人们一切想象。以简单为美味，以自然为美味，日本料理之所以逐渐在世界各地蔚然成风，受到越来越多人的喜爱，原因在此。而这其中，寿司尤其是这种美食简约哲学的极致表现。

图6-2

路上·旅行

要把杰克·凯鲁亚克的名作《在路上》搬上银幕已经是一件旷日持久的工作了。1957年，当这本小说在被创作出来6年后首版之时，凯鲁亚克就给马龙·白兰度写了一封一页纸的信，希望他能来出演这部从《在路上》改编而来的影片。

他给白兰度的角色是莫里亚蒂，而凯鲁亚克自己则将扮演派瑞戴斯。在那份信中，凯鲁亚克说自己准备把电影拍摄成一部实验电影："要把摄像机架在前座，拍摄路上日日夜夜的一切"。白兰度从来没有对这封信有过回复。后来，华纳公司开价11万美元，准备买下《在路上》的电影版权，但是凯鲁亚克的助手斯特林·罗德回绝了华纳。他转手以15万美元的价格把版权卖给了派拉蒙。派拉蒙也希望白兰度能来出演，但是这始终未能成行。

1979年，大导演弗朗西斯·福特·科波拉买下了《在路上》的版权。在接下来的许多年里，他前前后后雇佣了众多著名编剧来为他做修改小说为剧本，其中包括著名的迈克尔·赫尔和巴里·杰夫尔德，但是这都没有进入卡波拉的法眼。后来，科波拉曾经和自己的儿子罗曼·科波拉一起尝试编剧，但依然没有结果。1995年，科波拉准备把这部电影拍摄成16mm的黑白电影，并且找来了诗人艾伦·金斯堡一起参加试镜工作，但是这个项目最后也不了了之。科波拉说："我已经尝试过来写剧本了，但是很失败，我不知道要怎么来改编这本小说。这是一个时代剧，要展现出1950年的风貌，布景和美工很费钱。"几年之后，虽然科波拉曾经希望能和伊桑·霍克以及布拉德·皮特合作拍片，但是未能成行。2001年，他找到了小说家拉塞尔·班克斯修改剧本，并找来了乔·舒马赫指导，不过这依旧没有成功。

来自南美洲的导演沃尔特·塞勒斯说："对于那个年代的青年人，我有一种说不出的崇敬心理，而且对于他们的行为，我非常赞同。影片中的这群演员，毫无疑问地展示出了自己塑造角色的能力，他们把小说中的故事、精神带到了现实世界中来了。能和这群人在一起工作，还有科波拉，这绝对是我的幸运。"

图6-3

三、使用白色或黑色

排版时，我们偶尔会遇到单张图片布满整个版面甚至出血，文字的放置位置无疑是在图片里面了。解决这样的情况，最基本的就是使用白色或黑色文字，因为白色与黑色不仅拥有较高的可读性，本身作为中性色的它们对于图片或整个版面的影响较小，且在某种程度上起到调和版面的效果（图6-4）。通常，最能体现可读性的配色就是在白色底上放置黑色文字，或是在黑色底上放置白色文字。若是在有彩色系的底色上进行文字的配色，依然可以遵循保持高明度对比的原则来决定文字是白色还是黑色。

四、选择与图片相反的颜色

同样是在满版的图片上摆放文字，但由于图片色彩与肌理的复杂，从图片中汲取的颜色、与图片色调一致的颜色、白色或黑色似乎都无法让文字从图片中跳跃出来，吸引读者的目光。在这样的情况下，我们可以使用与图片整体相反的颜色来填充文字，或是作为文字的底色来诠释色彩跳跃的印象（图6-5）。

图6-4

图6-5

第三节 色彩与图形

在版式设计中，有时为了追求特殊的视觉印象，设计师将图片进行分类、调整、处理是必不可少的。

一、通过色相对图片进行分类

有些时候，客户会提供大量的图片，并希望这些图片能够出现在同一视线下的页面中。虽然设计师可以将图片放置在页面不同的位置以产生不同的视觉效果，但这样的方式往往容易让人觉得散乱且不够稳重。若能根据拍摄主体的色相对图片进行归纳整理并加强版面的协调性与易读性，就能使版面呈现清爽、有序的整体印象（图6-6、图6-7）。

二、降低彩色图片的纯度

依据编排内容的特点与版面诉求，有时需要改变彩色图片的纯度，来表现更好的质感。

1．将彩色图片转换为低纯度或是黑白图片

虽然黑白图片不具备色相与纯度这两个基本属性，无法借助色彩的表情特征传达信息，但实际上却隐含着彩色图片所没有的诉求力：传统的

图6-6　分类前

图6-7　分类后

黑白图片能够让人产生艺术、含蓄、高贵、知性等丰富的印象。如果希望通过图片营造沉稳的氛围，便可以大胆地对图片进行纯度上的调整，并通过黑白文字等朴实的元素构成画面，使之呈现强烈的审美与心理诉求。如艺术家陈逸飞的遗作《理发师》，影片的整个色彩纯度较低，是复杂的色彩学在科学与艺术中的实际运用（图6-8）。

2. 将彩色图片部分黑白化

与上述情况不同的是，为了突出图片的某一个点或某一些部分，我们会采用将图片除突出点之外的其他部分转换为黑白的方法，来强调保留下来的彩色部分，这样就能完成有特别效果的视觉设计，这种图片处理的优点在于不仅与具有最高可读性的黑色文字的搭配度较高，同时具备后面所讲的双色印刷效果。这种处理手法多用于海报或时尚杂志的内页（图6-9）。

三、将图片处理成极具特色的双色印刷效果

1. 将图片转换为负片

在图像处理软件中，可将彩色图片去色，通过对新建图层进行高纯度的色彩填充并改变其混合模式，使图片呈现出另类的印象（图6-10）；若改变新建图层的填充色，图片所呈现的印象也将随之发生改变。关键在于：新建图层的填充色

图6-8 电影《理发师》剧照

与黑色要从明度上产生强烈对比。

2. 将两种颜色填入黑白照片

如果想让图片呈现插图风格，可在去色后的黑白图片中填入一对具有强烈色相对比的相反色，即黑白图片复制图层，并分别与具有强烈色相对比的两个图层进行模式混合，并分别将混合后的图层合并后再次改变混合模式，即可创作出生动而有特色的作品（图6-11）。

图6-9 彩色图片部分黑白化

图6-10

图6-11

第四节　色彩与版式设计

一、通过不同色块划分版面

在介绍两个相关的主题时，为了清晰的区分主题，同时又要让两者产生联系，最好的方法就是分别利用两个主题的关键色来设置标题的文字颜色或底色，并以这两种颜色为设计主轴，完成简明易懂的页面设计。图中选择一对色相相反的互补色创造对比效果（图6-12），突出主题内容的差异性，并运用对称的版式格局，使两个主题之间的对比性与统一性得到进一步的强调。

二、使用能保持可读性的底色贯穿版面

在编辑大量图片时，为了不让版面显得杂乱无章，可通过给版面添加能保持可读性的底色或使用色带，将大量图片贯穿起来，创造整体氛围。

1. 运用鲜艳的底色，创造活泼的版式设计

为了营造活泼的页面氛围，最常用的就是在版面中添加鲜艳而大胆的底色，这不仅能够紧紧抓住读者的注意力，还能凸显版面中的图形。这种处理手法多用于注重视觉张力的杂志等（图6-13）。但由于这种鲜艳的底色容易让读者产生视觉疲劳，所以不太适合在文字较多的版面里使用。

2. 运用暗淡的底色，创造品质感与丰富感

若要在页面中呈现雅致的品位感，可通

图6-12

图6-13

过给页面添加咖啡色、藏青色等深色调的底色，搭配以曝光不足方式拍摄的图片，再辅以井然有序的段落文字，就能呈现成熟度质感（图6-14）。但这样的底色容易给人产生沉闷的印象，因此在版面编排时应尽量的简洁、清爽。

3. 使用纹理背景，进一步营造氛围

纹理能够让人产生视觉上的触感，具有很强烈的情调效果。如果使用纹理作为背景，可以产生强烈的存在感与真实感。但由于纹理的特

图6-14

征，容易影响设计的整体氛围及文字的易读性，所以纹理一定要适合版面内容或与版面所要表达的主题高度统一（图6-15）。

三、使用不同的背景色分割版面

将背景设置为单一的底色，是添加背景色的基本方式。虽然这样能够表现出版面的整体性与沉稳感，但却让版面内的各部分信息区域变得暧昧不清，如果对不同的信息区域添加不同的背景色，或只在部分版面中设置底色，不仅可以明确区分不同的单元信息，更能让版面呈现通透轻盈感，给读者有趣而没有压迫的印象。如果搭配合适的形状，让背景色成为版面里的重点装饰，就可为页面增加另一番乐趣（图6-16）。当然，在一定程度上，不同背景色之间的色相差异越大，分割版面的功能也就越明显；背景色的明度越高，版面的轻盈感也就越高；背景色的面积越小，版面的通透感也就越强。

图6-15

图6-16

第七章

版式设计的页面构成

第一节　开本、版面率、图版率

设计者在版式设计时需要对版式设计的相关概念有所了解，设计出的版面应该以什么样的开本来呈现？版面率如何？图版率怎么确定？受网格拘束的程度怎样？页面各元素的视角度如何安排等？这些问题必须在工作开始之初就有所考虑，并在设计过程中逐渐明确。

一、开　本

开本指书刊幅面的尺寸规格，对于一本书而言，通常将单页的大小称为开本，即在以不浪费纸张、便于印刷和装订生产的前提下，把全开纸裁切成面积相等的若干小张并将它们装订成册，则称为多少开本。常见的有16开（多用于杂志）、32开（多用于一般书籍）、64开（多用于中小型字典、连环画）。

由于国内及国际的纸张幅面有几个不同系列，因此尽管它们都被分切成同一开数，装订成书后也都被称为多少开本，但书的尺寸却不完全相同。如目前16开本的尺寸有：188×265（mm）、210×297（mm）等。

二、版面率

版面中的视觉元素在整个页面中所占的空间与空白面积的比率称为版面率。我们日常接触到的印刷品中，版面率最高的一般是报纸、工具书等。

空白是主题的领地。即使使用较小的文字，只要在周围留出足够的空白，不仅能够营造恬静、稳重感，也能起到突出主题的作用。所以想要表现高品质、高质量的商品就需要大面积的空白，即较低的版面率。

图7-1使用出血的图形，视觉冲击力较强，给人热情、亲近感，但因为空白较少，并不显得高档。相比之下，图7-2扩大了空白

图7-1　高版面率

图7-2 低版面率

量，将版面率降低，营造高雅、沉静的氛围，给人高品质感。

三、图版率

版面中的图形跟文字所占的面积比叫作图版率。文字的比率高于图片，叫做低图版率；反之，则叫做高图版率。若版面全是文字，图版率为0%；全是图形，图版率为100%。

图版率为0%的页面令人感觉压抑（这种版式只适合于字典、法规等特殊用途的书籍）（图7-3），而加上图片将图版率提高后可以提高版面的亲和力，活跃版面，让人产生阅读的兴趣；在达到50%左右时，亲和力急剧上升；但图版率一旦超过了90%甚至100%（图

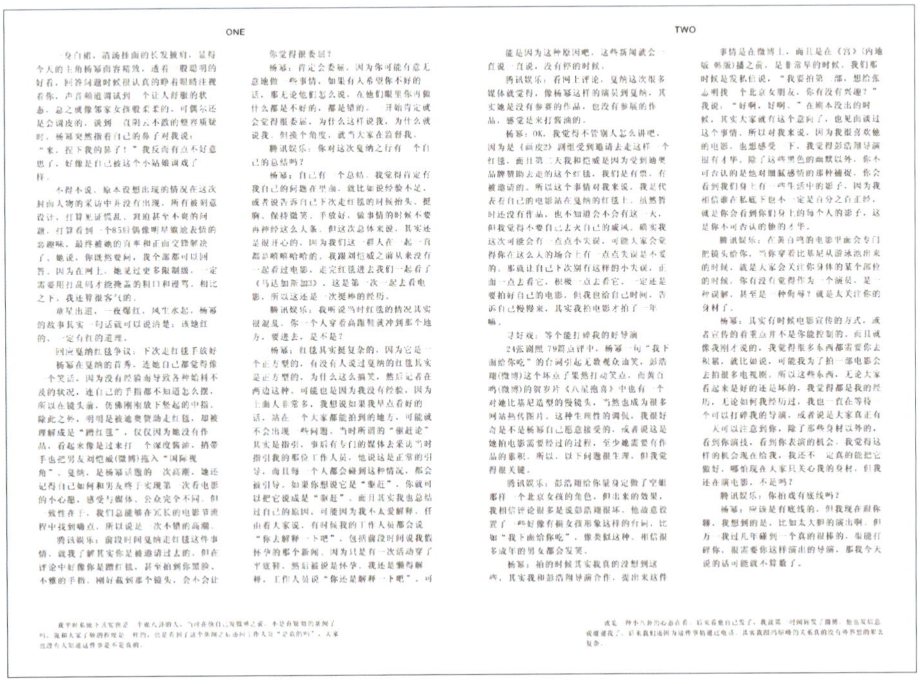

图7-3 图版率为0%

图7-4 图版率为100%

7-4），反而会使版面空洞无味，给人单调的感觉。如果稍微加入一点文字，版式就又活跃起来。因此，在进行版式设计时根据设计内容来确定合适的图版率是很有必要的（图7-5）。

类型	图版率	效果	感受
严肃文学 （小说、诗集等）	10%左右	太高会破坏严肃性	严肃 ↕ 活泼
一般读物 （故事、报纸等）	30%左右	增加阅读兴趣，但如果图太多，信息则过少	
趣味图书 （时尚杂志、儿童读物等）	50% ~ 90%	创造活跃的气氛	

图7-5 选择适当图版率，以传达正确的信息

四、网格拘束率

网格是一种重要的编排辅助手段。设计师依靠网格对版面的框架结构进行大致的规划（图7-6），并根据此框架结构对文字及图形进行约束，这种被约束的程度就叫网格拘束率。

类型	拘束率	效果	感受
严肃文学 （企业报表、财经杂志、教材等）	高	给人以条理清晰、可靠、严谨、高品质的感觉	严肃 ↕ 活泼
趣味图书 （时尚杂志、儿童读物等）	低	增加阅读兴趣	

图7-6 选择正确的网格拘束率，传递正确的信息

若要体现庄重、高格调，使用高网格拘束率，将图文严格拘束于网格的版面设计（图7-7），易给人稳重的印象；若想体现轻松、自由，使用低网格拘束率，使图形冲出网格，则产生轻松有趣的版面，给人自由感（图7-8）。

五、视觉度

视觉度是指文字和图形在版面中对人产生的视觉吸引力的强度。它和图版率一样关系到版面的生动性、记忆性和阅读性。越引人注目的物体视觉度越大。在版面设计中，色彩的视

图7-7　高网格拘束率

图7-8　低网格拘束率

觉度高于图形，图形的视觉度又高于文字，所以在版面中增添图片或提高文字的跳跃率可以有效提高视觉度，让人有兴趣继续读下去（图7-9、图7-10）。

就图形而言，一般来讲，因为简单的图形更容易记忆，所以在同等大小的情况下，抽象图形的视觉度强于写实图形（图7-11）。而对于图片来说，人的形象具有最强的视觉吸引力，尤其是人的脸部，看到后让人兴奋。而天空、大海、草原的吸引力最弱，可以让人情绪平静。因此，根据版面内容选择适当的图片视觉度，以传递正确的信息对于设计师来讲是非常重要的（图7-12）。

图7-9　低视角度

图7-10　高视角度

图7-11　视觉度的强弱比较

类型	视觉度	效果	感受
严肃文学（小说、诗集等）	低	太高会破坏严肃性	严肃
趣味图书（时尚杂志、儿童读物等）	高	增加阅读兴趣	活泼

图7-12　选择适当的图片视觉度，以传递正确的信息

第二节 版面的基本类型

版面设计的类型是指版面编排构成的样式类型。由于版面构成的样式在实际运用中种类繁多，我们不能对所有的版面构成样式进行逐一分析，但通过对一些典型的构成样式进行归纳和概括，可以将版式设计的类型大致分为理性化和感性化两种基本类型。

一、理性化类型

理性化类型的版式设计给人整齐、严谨、规矩、秩序等印象，其最大的特点是网格和数学原理的运用。网格是基于数学研究而总结出的模数关系对形态的划分组合，使形态之间产生内在的联系。这种模数化的网格样是严格按照视觉尺度比例设计的版式设计方式，集中体现了理性化、秩序化的感觉。常见的理性化类型包括：

1. 骨格型

骨格型的版面在图形和文字的编排上严格按照骨格比例进行，是一种规范的、理性的分割方法，给人以严谨、和谐、理性之美。常见的骨格有竖向通栏、双栏、三栏和四栏（图7-13）和横向通栏、双栏、三栏和四栏（图7-14）之分，常见的一般以竖向分栏居多。骨格经相互混合后，既理性有条理，又活泼而有弹性。

2. 并置型

并置型是将相同或相似的图片进行大小相

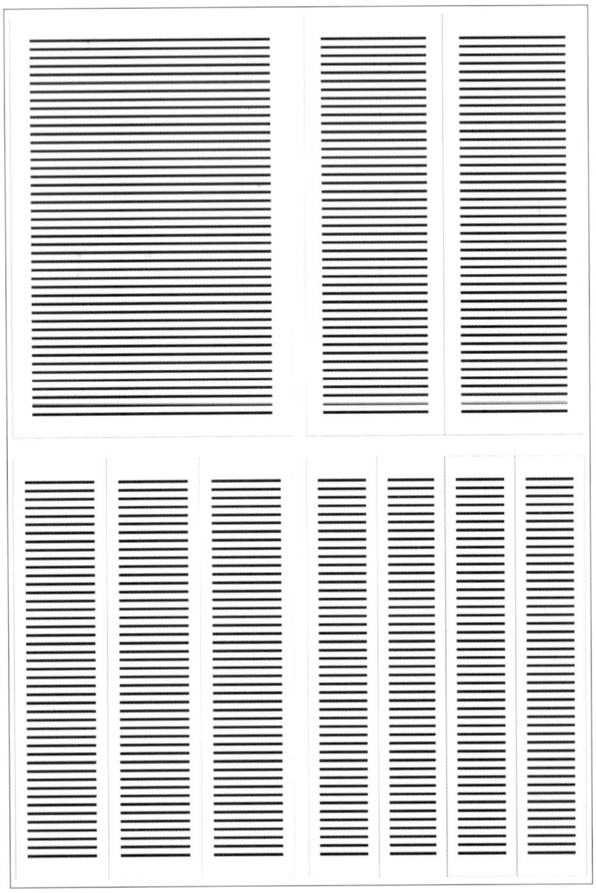
图7-13 纵向骨格

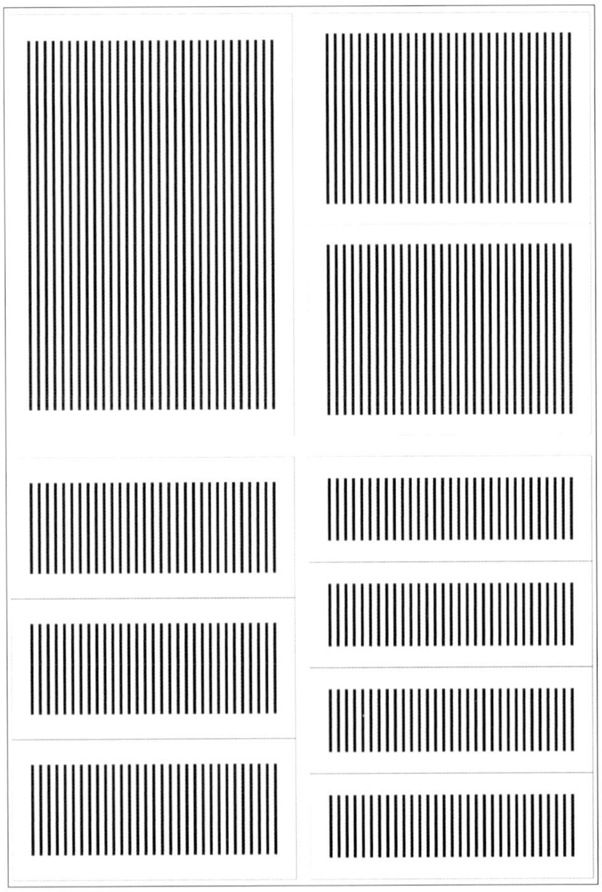
图7-14 横向骨格

同而位置不同的重复排列（图7-15）。给原本复杂喧闹的版面以秩序、安静、调和与节奏感，有比较、解说的意味。

3. 上下型

上下型是将版面分成上下两个部分，文字安排在上部分或下部分，另一部分则配置图形的版面构成样式。文字偏重安静而理性，而图形则显得感性而有活力（图7-16）。

4. 左右型

左右型与上下型原理相同，是将整个版面分为左右两个部分，并分别配置图形与文字，使左右两个部分形成强烈对比，造成视觉心理的不平衡。若将分隔线虚化或用文字与图形做穿插处理，左右页的关系也将变得自然和谐（图7-17）。

5. 中轴型

这是一种将文字、图形放置于中轴线的版面构成形式。水平排列的版面给人稳定、安静、平和、含蓄之感（图7-18）；垂直排列的版面给人以强烈的动感（图7-19）。

6. 对称型

对称分为绝对对称和相对对称。一般多采用相对对称手法，以避免过于严谨而引起的乏味感。常见的对称以水平对称居多，给人稳定、庄重、理性的感觉（图7-20）。

7. 三角型

这是以三角形形状为基准，将文字或图形按照此形状进行组合的版面编排样式（图7-21）。正三角形是最具安全稳定因素的形态，而倒三角则给人以动感和不稳定感。

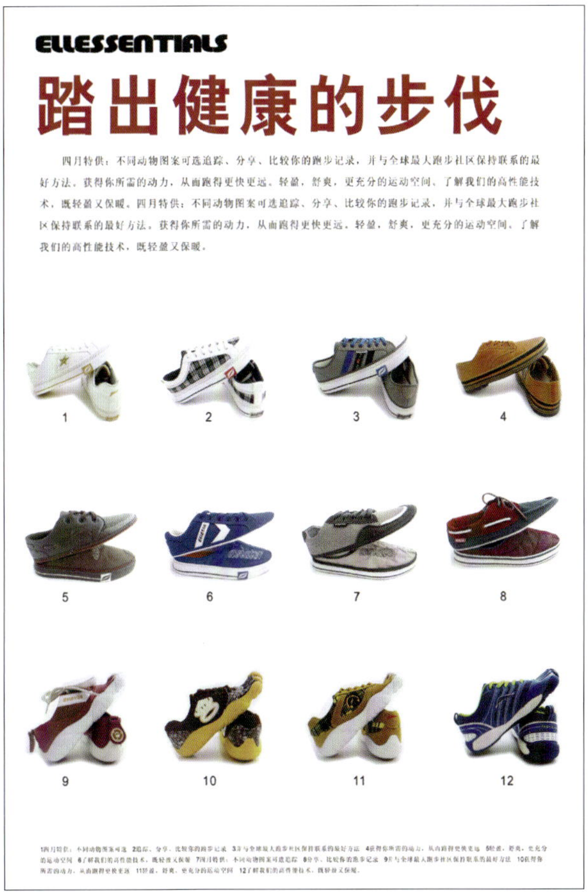

图7-15 并置型版面

图7-16 上下型版面

图7-17 左右型版面

图7-18 水平中轴型版面

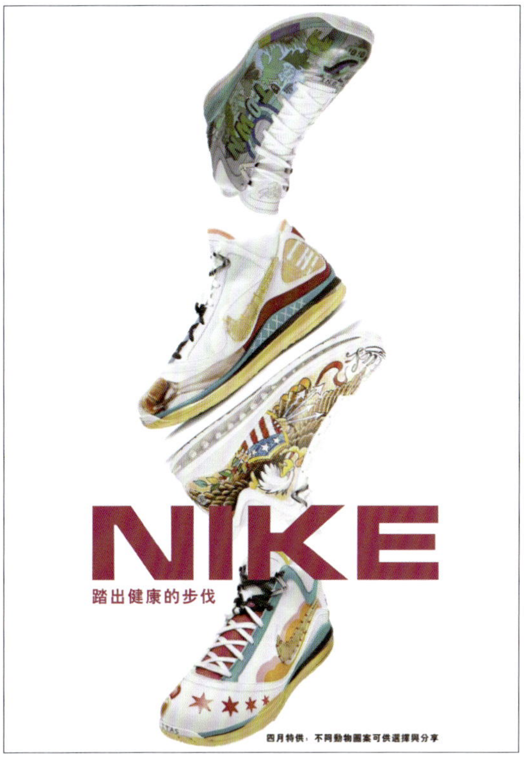

图7-19 垂直中轴型版面

图7-20 对称型版面

图7-21 三角型版面

8. 四角型

四角型是指在版面四角以及对角线结构上编排的图形（图7-22）。它给人严谨、规范的感觉。

9. 倾斜型

倾斜型的版面中主题形象或多幅图版作倾斜的编排，使版面产生强烈的动感和不稳定因素，以引起人们的注目（图7-23）。

图7-22　四角型版面

图7-23　倾斜型版面

二、感性化类型

有时候版式设计不能全靠模数关系计算得到，而是由设计者的直觉产生。这种主要依赖设计者的天性和灵感，强调自由、浪漫的版面构成样式就是感性化类型的版式设计，是相对于理性化类型而言的。

1. 自由型

自由型是无规律的、随意的编排构成，给人活泼、轻快的印象（图7-24）。

2. 曲线型

曲线型是指图片或文字在版面结构上呈曲线排列，从而产生韵律与节奏美感（图7-25）。

3. 聚集型

它是指利用平面构成中的“聚集”原理，将相同或不同的视觉元素聚集于某个位置的版面构成样式，从而形成具有团块式的聚集效果（图7-26），给人一种紧凑、密切联系的感觉。

图7-24 自由型版面

图7-26 集聚型版面

图7-25 曲线型版面

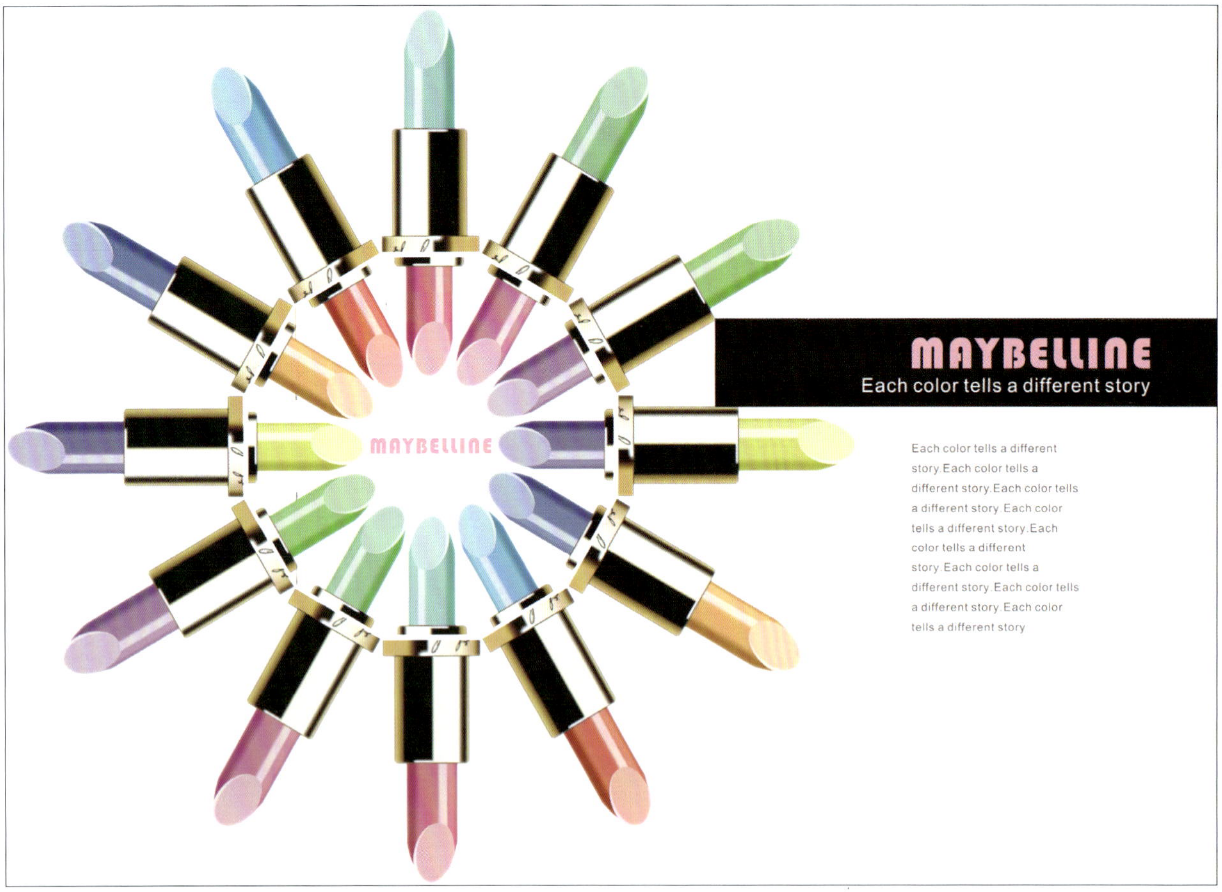

图7-27　重心型版面

4. 重心型

这是指以鲜明的图形或文字占据页面某个位置，产生视觉焦点，使其主题强烈而突出版式设计类型（图7-27）。一般分为三种形式：以独立而轮廓分明的形象占据版面中心；视觉元素向版面中心聚拢的向心运动；视觉元素由版面中心向外扩散的离心运动。

5. 全版型

全版型的版面以图像为诉求，充满整个版面，视觉传达直观而强烈，文字压在图像的上、下、左、右或中部位置上。全版型给人大方舒展的感觉，是商业广告常用的版面类型（图7-28）。

图7-28　全版型版面

第三节 页面的视觉流程

生活中，我们无论看到什么样的平面设计作品，都会经过一个先看到什么，再看到什么，最后看到什么的过程，我们将这种视觉传达的先后顺序称为视觉流程。

页面中的不同视域，给人的心理感受不同，所引起的注意程度也不同。如何有效利用最佳视域，为视觉元素创建合理的视觉流程，是版式设计成功的关键。

一、视觉流程的分类

视觉流程的建造是按流程线的构成要素进行设计的。点、线、面是建造版面视觉流程的重要元素，它们的有机相互呼应在版式中发挥重要作用。根据各视觉元素的相互作用，视觉流程可划分为以下几种主要类型：线型视觉流程、焦点视觉流程、导向视觉流程、散点视觉流程等。

（一）线型视觉流程

线型视觉流程强调逻辑，注重版面的清晰脉络，整个版面的运动趋势有“主体旋律”，主体与细节如同树干和树枝一样和谐，具有理性色彩。线性视觉流程按其线型分为直线视觉流程和曲线视觉流程两种：

1. 直线视觉流程

页面的流动线明确、简洁，直接诉求主题内容，具有强烈的视觉效果和清晰易读的版面效果。从流动线的方向来看，又分为竖向视觉流程、横向视觉流程和斜向视觉流程三种形式。

（1）横向视觉流程有稳定、恬静、信任之感（图7-29）。

图7-29 横向直线视觉流程

（2）竖向视觉流程给人坚定、直观的感受（图7-30）。

（3）斜向视觉流程以不稳定的动势引起注意（图7-31）。

2. 曲线视觉流程

虽然曲线不如直线视觉流程稳定性、识别性强，但是通过曲线大小、形状和位置的变化，在版面上寻求空间感和运动感，造成有效的视知觉的视线导向，就能够在一定程度上解决识别度的问题，并为设计者提供较大的设计自由度（图7-32）。

图7-30　纵向直线视觉流程

图7-31　斜向直线视觉流程

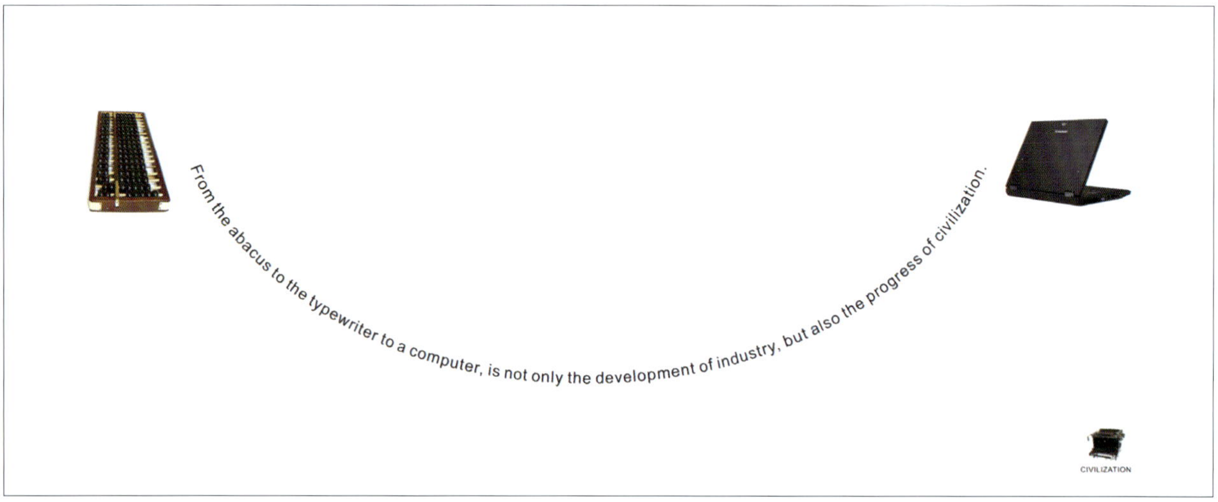

图7-32　曲线视觉流程

（二）焦点视觉流程

焦点视觉流程通常以鲜明的形象或文字占据页面某个位置，吸引受众的视线，完成视觉心理上的焦点建造。这种形式既能突出主题又容易产生较强的形式美感，提高整个版式设计的吸引力。按照形成视觉焦点的各视觉元素所产生的力场关系，可分为向心点视觉流程（图7-33）和离心点视觉流程（图7-34）两种主要形式。

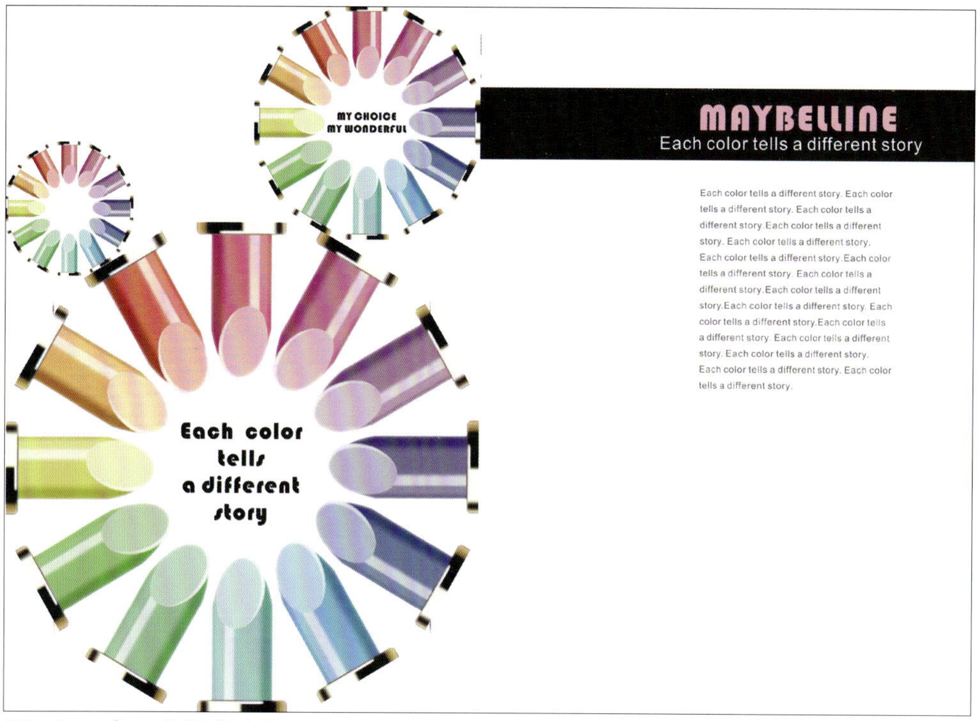

图7-33　向心点视觉流程

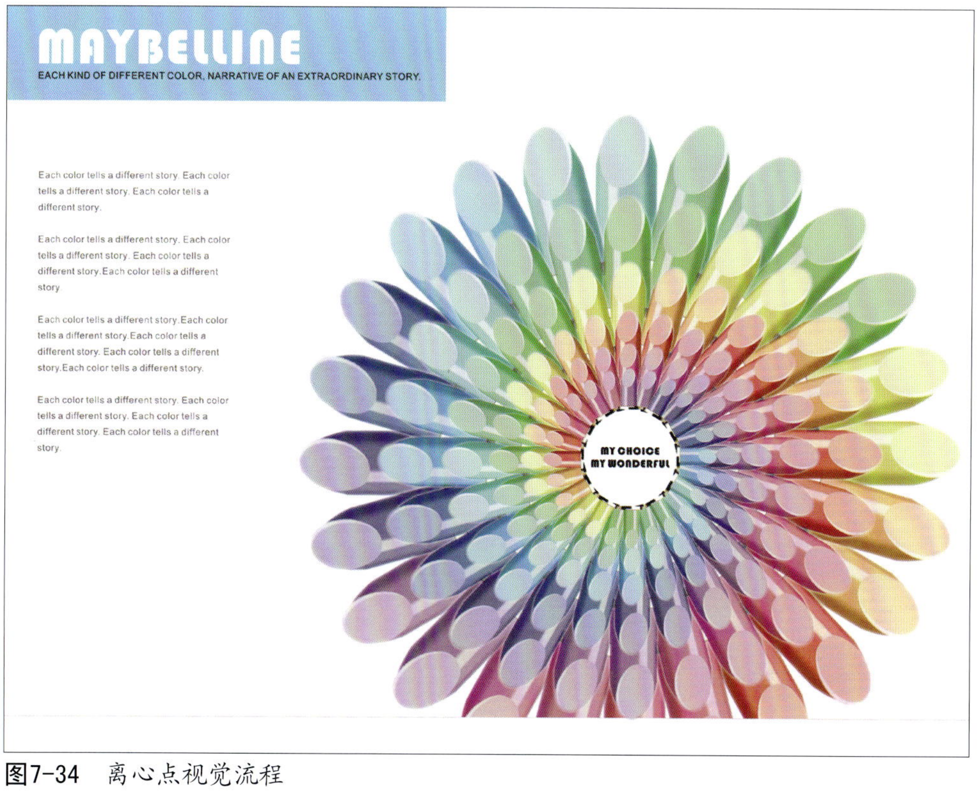

图7-34　离心点视觉流程

（三）导向视觉流程

导向视觉流程通过加入指示性强的诱导元素（图7-35）主动引导受众的视线向一定方向按顺序运动。其重点突出，条理性强。

（四）散点视觉流程

现代设计形式多样，散点视觉流程与较为严肃的版式设计相比，各视觉元素之间呈现自由、随机、偶合、感性的构成关系，具有较强的趣味性，给人以轻松、随意感，适合在内容较少的版面中应用（图7-36）。

图7-35　导向视觉流程

图7-36　散点视觉流程

二、视觉流程的安排

1. 依据阅读习惯安排视觉流程

受长期阅读习惯的影响，受众会比较习惯于按照一定的顺序来阅读文字。例如：横排的文字，我们总是习惯于从左到右、从上到下；竖排的文字，我们习惯于从上到下、从右到左。所以在设计页面的视觉流程时，文字的阅读顺序是我们必须关注并给予充分考虑的。尤其是页面中同时出现标题、副标题、正文、注释等不同层级文字的时候，视觉流程设计的准确性将直接影响到受众对整篇文章的顺利阅读（图7-37）。

与文字相比，图形在信息传达方面体现出来的迅捷和直接，使其在图文混排的版面中更容易引起受众的注意，跻身于视觉流程的前端。因此，当页面中有图形出现时，需充分了解版面想要传达的主题，明确重点，进而决定图片的大小、位置、色彩和透明度，避免影响视觉流程（图7-38）。

2. 依据色彩的易见性安排视觉流程

高纯度的色彩通常比低纯度的色彩更引人注目，通过纯度的对比可以区分版面内容的先后顺序。需要注意的是，在不同的色底上色彩的易见性不同，除了纯度的差异之外，还需要考虑色相及明度等要素。

易见性是在对比中产生的，凡是对比效果强的易见度高，对比效果弱的易见度低。根据明比暗、鲜比浊、冷比暖的原则，在对比中反差大、易见度高的有黄比紫、黑比白、黄比黑、白比紫等。

3. 通过调整图片的大小安排视觉流程

当页面中有多张图片而又希望受众阅读的先后顺序有明确的区分时，可通过调整图片的大小，加大图片的跳跃率来安排视觉流程。如将希望受众注意的图片扩大或将其他图片缩小，甚至两种方式同时运用（图7-39），使希望受众注意的图片优先率提高，达到明确先后顺序的目的。

此外，也可保持图片尺寸大小不

图7-37

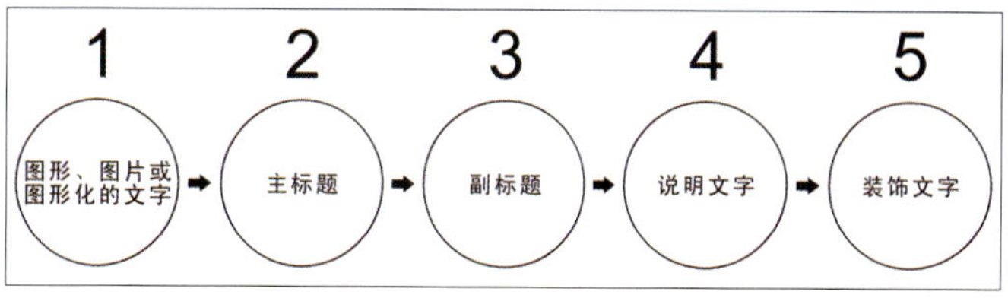

图7-38

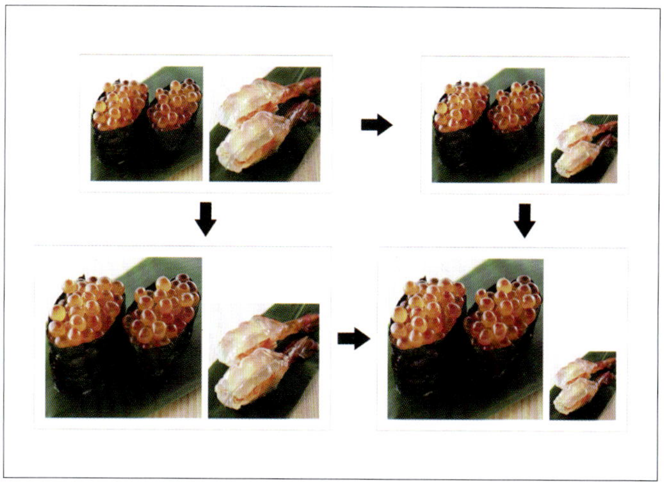

图7-39

图7-40

变，通过对图片局部放大提高图片优先率，并使放大后的尺寸与原图相等（图7-40）。这种处理方式将对于已经确定的网格拘束率的影响降为0%。

4. 通过调整文字的大小安排视觉流程

与图片相同，在区分文字内容的先后顺序时，也可以通过调整文字大小，来设计视觉流程。如图7-41所示，将标题文字放大，可与正文形成强烈的大小对比。与图片不同的是，文字所特有的“加粗”处理方式使被加粗的文字较之纤细的文字更加显眼。值得注意的是，不是所有的文字都适合加粗，如字号过小的文字加粗后，会变得模糊不清而影响阅读。

5. 通过调整局部的色彩或形状安排视觉流程

利用平面构成中的“特异”原理，将希望被受众特别关注的部分进行特殊处理，这种处理方式可以对该部分进行强调，影响视觉流程。如在大面积黑白的图形或文字中选择一部分添加色彩或在相同的形状中混入一个特殊的形状等（图7-42），在这种情况下，受众就会明确地认识到这部分的内容是重要的，这就是所谓的“差别化”。

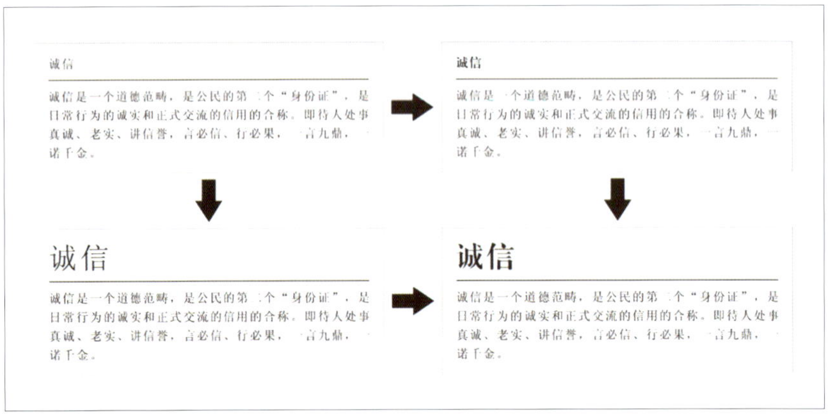

图7-41

图7-42

图7-43

6. 使用带有导向性特征的元素安排视觉流程

根据导向视觉流程所述，在版面中加入如箭头、手势、图形中人物的视线、文字、线条等引导线，引导受众的视线按既定的方向运动。由主及次，将版面各构成要素串联起来，形成一个有机整体，使重点突出，条理清晰，发挥最大的信息传递功能。需要注意的是，引导线有虚有实，表现多样，如箭头导向、手势导向、视线导向、文字导向以及线条导向等（图7-43）。另外，除了考虑采用引导线来引导受众视线外，还应适当考虑人们的视觉习惯、经验等。

第四节　页面之间的关系

与单页印刷品的设计不同，对于书籍、杂志、宣传册、折页等多页结构的印刷品及具有多个面的立体空间来讲，页与页（面与面）之间的关系及其他很多关联性的问题是必须考虑的。

一、保持统一的版面结构

对于多页面结构的印刷品来说，统一完整的网格系统是非常必要的，它可以统一各页面的版心和页码的位置及天头、地脚、外页边距及内页边距的尺寸，使整个印刷品从格式上得到统一。但为了活跃版面氛围，避免页面单调乏味，可以调整网格拘束率，改变段落的组合方式或在每篇文章中加入一些变化，使版面结构显得张弛有度（图7-44）。需要注意的是，不管页面中其他元素如何变化，页码的位置必须是固定的。

图7-44　统一的版面结构

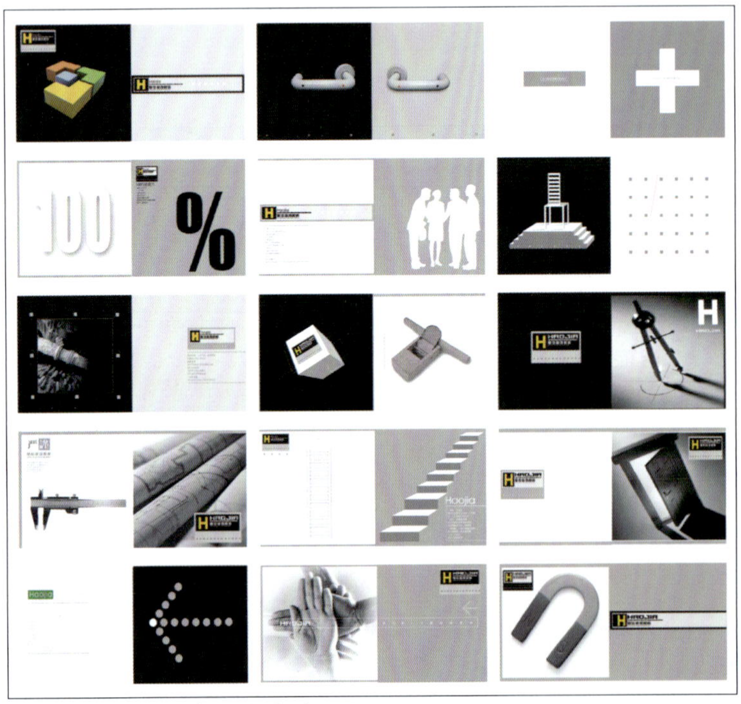

图7-45　统一的色调和字体

二、保持统一的色调和字体

在策划一个系列的主题时，除了版面结构需要统一之外，对字体和色调的统一也是很有必要的。特别是在同一个主题的文章或是一个企业的宣传册中采用统一的字体和色调，会使整册显得井然有序（图7-45），避免给人造成页面效果不自然、不连贯的印象。

三、加强页面中元素之间的关联性

除了对版面结构、色调和字体进行统一外，加强页面中元素之间的关联性，增强页面之间的联系，使页面在承接上文的基础上自然地引起下文，成为同一个主题、同一个系列的点睛之笔。

1．左右页的整体设计

展开页的整体设计建立在形象

的对比关系上。左右页常由一大一小、一多一少、一动一静、一黑一白、一曲一直、局部与整体对比构成，在对比中建立和谐的整体关系（图7-46）。

2. 延续页面的整体设计

除对左右页面的整体设计外，还需对整个折页、整本手册或杂志中页与其他页之间、页与整体之间的整体节奏进行把握（图7-47），文字和图片的整体设计（图7-48、图7-49），延续页面的整体设计（图7-50）以及主要版式风格的延续等都需给予充分的考虑和关注。

图7-46 左右页的整体设计

图7-47 整体节奏的把握

图7-48　文字、图片的整体设计 I

图7-49　文字、图片的整体设计 II

图7-50　延续页面色调的整体设计

第八章

版式设计的应用

学习版式设计要理论联系实际，将基本原理和应用实践结合起来。版式设计应用范围很广，这里选择了广告设计、图书设计、包装设计和网页设计四个方面内容。由于它们的版式设计规律都遵循前面所讲的原理，因此，下面只是做概括性介绍。

第一节 广告的版式设计

广告是现代社会中通过一定形式的媒体，有偿向公众公开传递信息的销售手段，简单地说就是“广而告之”。广告分为公益广告与商业广告两大类，公益广告不以盈利为目的，而商业广告则是以盈利为目的的商业活动。广告的形式很多，如招贴、POP、DM、宣传单等（图8-1）。

广告的版式设计形式多样，为了达到特定的传播目的，必须根据广告主

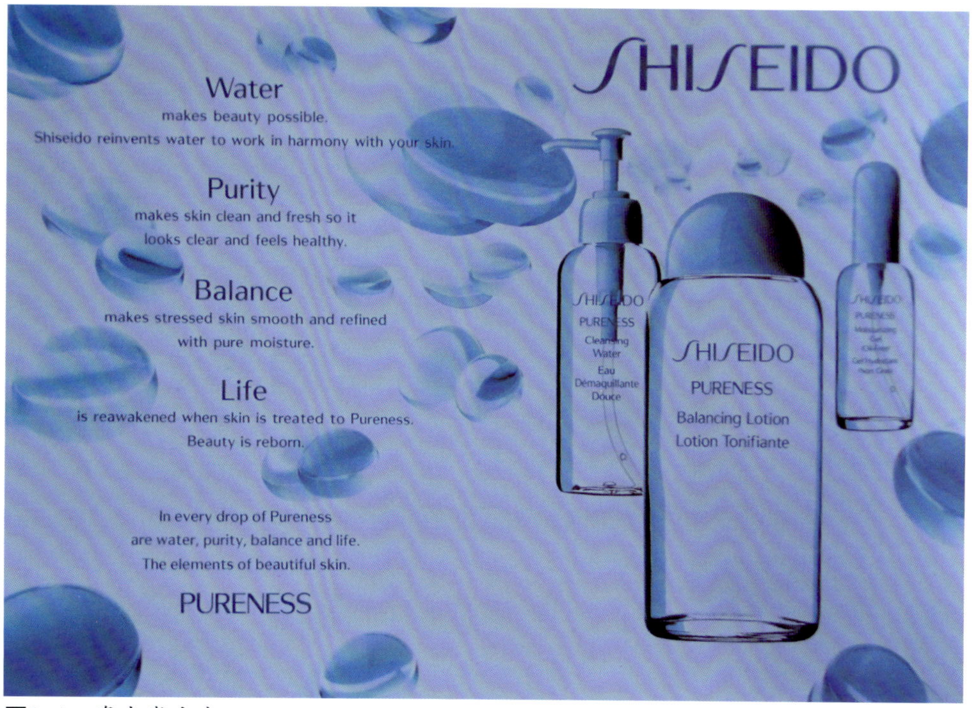

图8.1 资生堂广告

题选择合适的形象与版式。广告的版式设计目的就是对各类主题内容在版面内实施艺术化或秩序化，以提高版面的视觉冲击力和视觉审美性，从而传达出明确的广告信息，加强对消费者的引导，使其在消费者的头脑中留下深刻记忆。

在广告表现中，文字、图形和色彩是最重要的表现元素。其中，形象的选择是很重要的，因为它是传递客观事物信息的符号。一方面，形象必须要确切地反映被表现事物的本质特征；另一方面，它又必须能为公众理解和接受，能更好地感染和说服消费者（图8-2）。

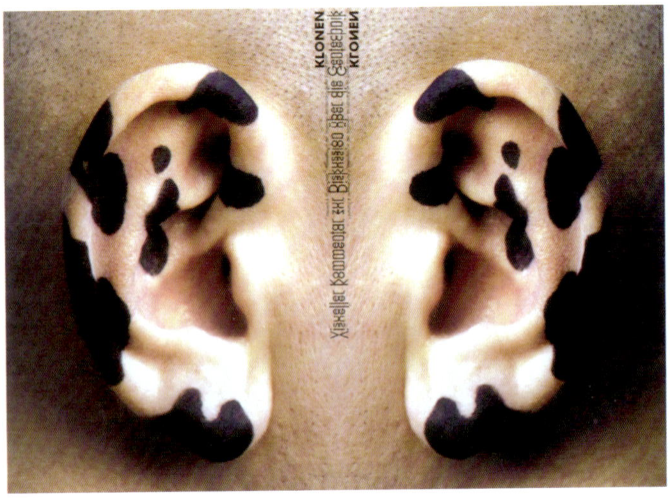

图8.2　克隆

广告版面设计采取的构图形式决定了版面的结构形态，不同的构图有不同的诉求效果。我们在版式设计原理的基础上，应把握好以下两点：

1. 突出主题，主次分明

广告版式必须在众多构成要素中突出清晰的主体，使其成为观众阅读广告时的重点。

此外，在版式设计时要以特殊的构图引导观众的阅读，使观众按视觉流程

图8.3　网票网

进行视线流动。主体元素在视觉上一般要大于其他要素，在视觉上占主体的优势，从而做到主次分明，层次清晰（图8-3、图8-4）。

2. 简明直观，虚实相生

广告版式设计在传达具体信息时，要采用各种表现手法表现主题，但无论采用什么效果，都要做到直观而具体，不堆砌信息量，删繁就简，精炼图文。版面整体安排力求单纯、简洁、条理清晰，使其在瞬间产生强有力的视觉冲击和诉求效果。另外，版面中的虚实空白处理不仅使版面流畅明快、疏密有序，而且会产生强烈的视觉效果，有利于突出广告诉求重点（图8-5、图8-6）。

图8.5 Heineken

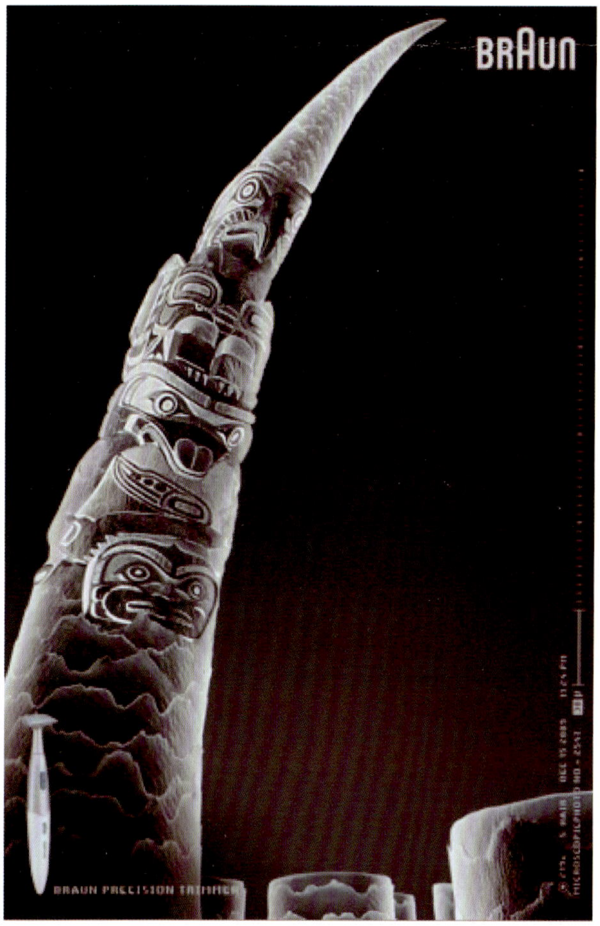

图8.4 BRAUN

图8.6 Heineken

第二节 图书的版式设计

基于现代社会观念意识和媒体技术的改变和发展，图书的形态发生了巨大的变化。现代电子出版物的影响日益广泛，仅仅用书籍已无法涵盖这一领域。这里，把图书设计分为书籍设计、编辑设计和音像读物设计三个部分。

一、书籍设计

吕敬人先生说：“书籍设计是一门‘构造学’，是营造外在书籍造型的物理构思和对内在信息传递的理性思考的综合学问。”因此，我们可以说书籍设计是一个内外兼修的整体包装过程，它包括两个方面的内容：第一是书籍的开本选则、材料运用、印刷工艺等；第二是书籍各部位的设计，包括封面、环衬、扉页，以及目录、正文等（图8-7、图8-8）。

封面设计的范围包括封面、封底、书脊等。封面犹如书籍的脸，凝聚着书的内在含义和主题精神。在当今琳琅满目的书海中，书籍的封面起了无声的推销员作用，在一定程度上将直接影响人们的注意力和购买欲。封面信息包括书名、作者、出版社以及图形等。封面文字的形态、大小、疏密和编排需要考虑书籍的内容，如社会性读物、科技性读物、少儿性读物等都各有不同的气质。图形是封面中辅佐文字内容的设计要素，它的首要任务是对书

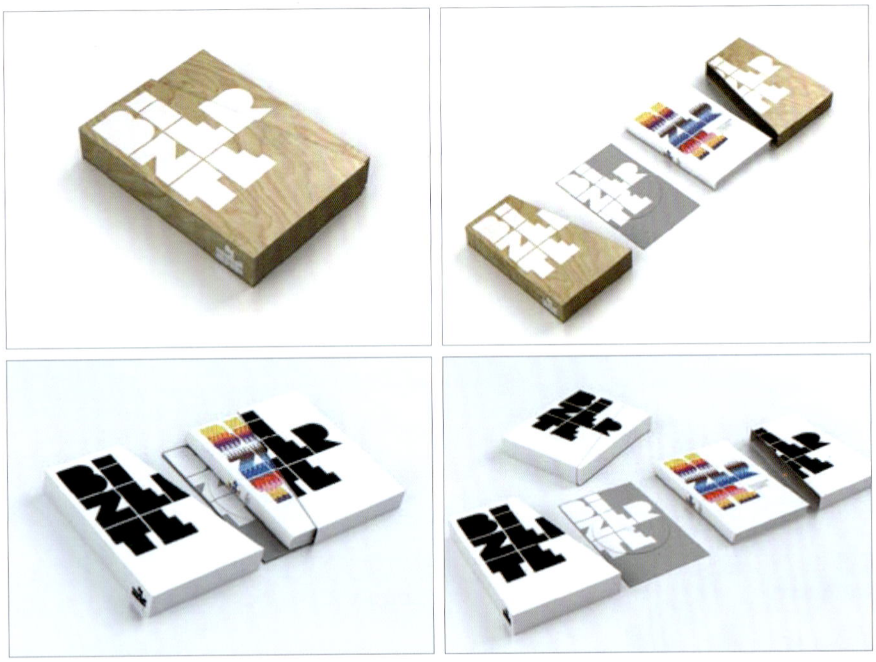

图8.7　书籍形态

图8.8　国外书籍设计

名做清晰的视觉说明。图形具有可视可感的优越性，借助图形的可视化特点，可以深化读者对书籍内容的印象与感受（图8-9）。

封底是封面的延续，设计时一般将封面和封底作为一个整体考虑，这样可以使书籍在视觉上具有连续或完整的视觉表现力。封底的设计以简洁为原则，起到辅助的作用（图8-10）。

书脊是书的脊部，连接书籍的封面和封底。平装书一般是平脊，精装书还增加了圆脊。书脊是书籍整体设计的一部分，日本设计师杉浦康平曾经用“信息的抽屉”、“齐集的印象小舞台”来形容书脊的重要。书脊的设计应以清晰的信息识别性为原则，根据书籍的厚度考虑设计内容和设计样式（图8-11）。

正文版式是书籍设计的重点，在设计过程中应掌握几个基本原则：有效而恰当地反映书籍的内容、特色和著译者的意图；符合读者不同年龄、职业、性别的需要；考虑大多数人的审美习惯，体现不同的民族风格和时代特征。具体来讲，应掌握以下几个设计要点：

（1）正文的字体、字号、字距、行距，以及版心四周的空白，要考虑读者的层次，还要考虑书籍的性质和特点。

图8.9 国外书籍设计

（2）正文的印刷色彩和纸张的颜色要符合阅读功能的需要。

（3）正文字体与插图的关系要符合书籍定位的需要和阅读要求。

图8.10 书脊设计

图8.11 杂志设计

二、编辑设计

编辑设计是一种以报纸和杂志为对象进行艺术与技术两方面规划和实现的图书设计形式，在欧美、日本等地应用普遍。最早于20世纪60年代就在美国杂志设计界使用，并逐步向其他设计领域扩散。它实际上包括版面设计和技术实现两个方面（图8-12）。

1. 报纸版面设计

报纸是以刊载新闻和时事评论为主、定期向公众发行的印刷出版物，是大众信息传播的重要载体，它的信息量大、内容种类多、速度快，具有及时反映和引导社会舆论的功能。

报纸的信息量大，涉及的内容多，因此在版面设计中需要寻求一种整体的编排方式。现在报纸版式多采用划分栏目的形式编排，以此来容纳众多的种类和内容，使版式条理清晰，便于阅读。报纸版面设计的发展趋势主要有三列或三横分割式、封面杂志式、密集组合式和宽窄变化式。三列或三横分割式在西方报纸中常用，一般左边是导图、中间是主题图片和报道、右边是新闻集纳，清晰分明。封面杂志式是借用优秀的杂志封面所具有的个性和感染力，将优秀的杂志封面所产生的"封面效应"应用到报纸版面的设计中。"杂志封面化"多是小开本、版面多的报纸（图8-13、图8-14）。

开张用来表示报纸面积的大小，用整张印刷纸裁开的若干等份的数目做标准来表明报纸面积，如对开报纸和四开

PORRECO CUP RESULTS
Gannon advances to tonight's championship game. SPORTS/1D
Erie Times-News
Saturday, December 30, 2006
Miguel Portas (1958-2012)
Sem heroísmos
2006 YEAR IN REVIEW
Why they matter
Meet the people who made a difference in 2006
Smoke ban may be delayed
COMING TOMORROW
Top 5 REASONS to read Sunday

图8.12　报纸版面设计

Poster de Portugal
Hoje com Expresso
Quiz Expresso
Expresso
24h
Freitas cansado no MNE
70 mil famílias deixaram de pagar aos bancos
Corrupção na GNR

图8.13　报纸版面设计

jornal da tarde
1,30
SALTO DE PIRAPORA: PREFEITURA INAUGURA ESCOLA PROFISSIONALIZANTE.
RIBEIRÃO PRETO: CAMPANHA VAI DISTRIBUIR CAMISINHAS ANTES DO CARNAVAL CHEGAR.

Confira listão da segunda chamada da Fuvest

Página 21A

RIBEIRÃO PRETO: MUDANÇAS NOS 'CARTÕES POSTAIS'

No rastro de objetos voadores não identificados

VOTORANTIM

A estudante era a dentista da clínica

CAMPINAS

O Bristol está salvo

As palmeiras ameaçadas

Clones 'invadem' Jundiaí

A polícia estourou uma quadrilha que roubava carros na Capital para revender na cidade. Todos eram clonados. O ex-policial civil Hamilton Fazan foi preso, acusado de chefiar a operação. Segundo a polícia, 23 carros, muitos importados, foram apreendidos, e os donos atuais indiciados por receptação. Pág. 7A

esportes

O Come-Fogo em clima de mistério

RIVAIS SE UNEM CONTRA O OESTE

O TIMÃO CONTRA LUIS FABIANO

'NEVE' EM SP

O avanço da leptospirose após a chuva

SOROCABA

Mais dois prefeitos são cassados

Operação de guerra contra a dengue

POTIM

Angélica e Hulk juntos

Barbie e Ken separados

A morte de Lineu

图8.14　报纸版面设计

报纸。版心是版面除掉四周应留的空白外中间容纳文字和图片的部分。各类内容在版心范围内进行设计形成整体，也就是通常说的版面。版次是指报纸多个版面的先后顺序。报头指报纸刊登报名的地方，一般都在第一版的上端，横排报纸大多在上端靠左，竖排报纸大多在上端偏右，也有把报头放在上端正中的。通版是把报纸同一面上两个相对的版打通而形成的版。通版一般用于报道重大事件，比较集中，且能采用较大的标题、图片，比一般版面更具有气势（图8-15）。

2. 杂志版式设计

杂志是最具创意和前卫的版式设计载体，其表现形式丰富多彩，内容覆盖广泛，包括生活类、艺术类、科技类、经济类、文化类、综合类等。杂志具有出版速度快、周期短、信息量大、印刷精美等特点。对风格与品位、面貌和个性的追求是现代杂志的主要特征（图8-16、图8-17）。

图8.15　杂志封面

杂志的内容量很大，在杂志各页面中安排各种内容，如果没有任何可参照的标准，那么排版就会变得很困难。因此，杂志各版面多是划分成几个部分，将辅助线看作排版的一种向导，采用一定的模式来进行排版设计。为了建立版面的秩序感，首先应该考虑把杂志版面划分成几个部分，最基本的版面划分方式是水平划分或垂直划分，将页面划分出二、三、四等不同的等分，也可以根据划分的份数使版面结构发生变化，灵活运用划分出的空间。

当杂志页面中所包括的内容有先后顺序时，必须使人能够明白这种顺序。其中最基本的方法就是将希望注意的部分放大，根据尺寸的大小来安排先后顺序。这种情况下，各部分

图8.16　杂志内页

图8.17　杂志内页

内容所占的尺寸比例被称为“优先率”。如果杂志页面整体内容的优先率高，那么页面的内容就会富有变化，产生动感；相反，优先率比较低的杂志页面，就会给人稳定平静的印象。因此，在设计各部分内容所占面积大小时，要考虑杂志的定位。

杂志的内容以文字和图片为主，根据杂志的定位两者各有千秋。由于社会的变化，读图时代的来临，在杂志设计中图片所占的比例已渐渐多于文字。阅览杂志成为一种休闲娱乐方式，读者更愿意以欣赏的姿态来翻阅杂志，而图片鲜艳的色彩能给读者直观的视觉享受。

三、音像读物设计

音像读物设计是一种以磁带、录音带、唱片、激光唱盘等音像制品为对象而进行的艺术与技术相结合的图书设计形式。近二十年来，电子图书的出现补充了传统纸质图书的市场，逐渐改变了人们过去习以为常的“书”的概念——出现了电子图书（图8-18）。

图8.18　电子图书

电子图书又称E-Book，是指以数字代码方式将图文、声像等信息存储在磁、光、电介质上，通过计算机或类似设备使用并可复制发行的大众传播体。它主要包括电子图书、电子期刊、电子报纸和软件读物等。电子图书作为一种新形式的书籍，拥有许多与传统书籍不同的或者是传统书籍不具备的特点。电子图书必须通过电子计算机设备读取并通过屏幕显示，具备图文声像结合的优点，电子图书信息含量大，可检索、复制，有更高的性价比，有更多样的发行渠道等优点。

第三节　包装的版式设计

包装是商品流通中保护产品、方便储运、促进销售，按一定技术方法而采用的容器及辅助物等的总称。包装既是盛纳产品的容器，也是商品最直接的广告形式。通过包装设计及精美的印刷，可使消费者了解企业产品的特点、性质、用途、使用对象及方法等。

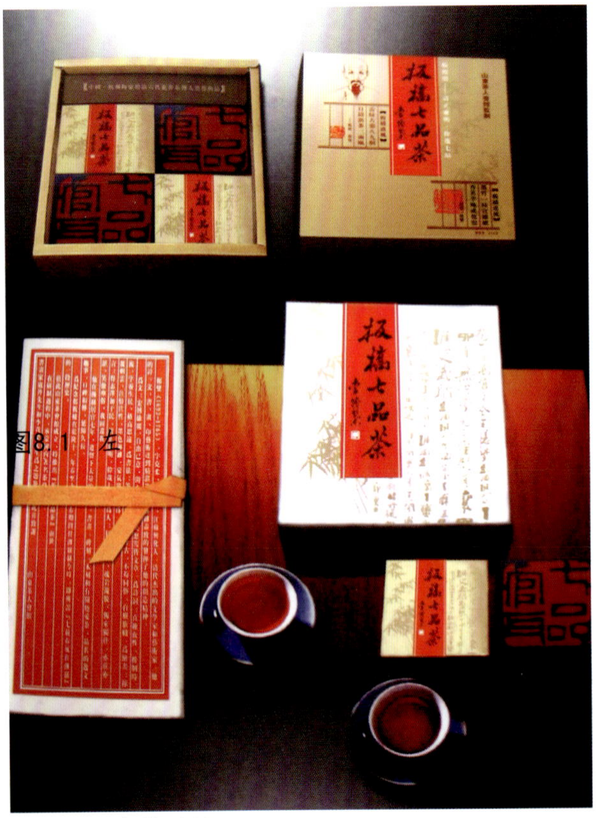

图8.19　包装设计

图8.20　包装设计

包装设计由图形、文字、色彩、材料等元素组成，各个元素都具有独立的表现力。包装版式设计要将这些不同的形式元素纳入到包装整体的秩序中，形成和谐统一的秩序感和表现力。否则，各元素之间缺乏有机的联系，会显得杂乱无章，削弱视觉语言的表现力和视觉传达的明确性。因此，处理好设计元素之间的整体关系，是包装设计的主要任务（图8-19、图8-20）。

包装版式设计的载体包括盒、袋、容器和瓶贴等。盒类包装按形状分为方形、柱形以及异性结构等，是由不同的版面相互联系而构成的。由于各个面的内容和功能不尽相同，因此设计要注重面与面之间的有机关联，根据盒形的造型特点和材料的不同从整体出发，对各类文字信息与图片进行优化布局，将产品信息主次分明、条理清晰地传达给消费者。包装瓶贴是容器之外的一种形式，其形状多种多样，也是信息传达的重要空间，其设计应注重主要信息的表现。

包装文字设计是传达商品信息最重要的因素之一，也是最直接的销售手段。文字应用要根据产品类别和特征选择不同的字体，如食品、化妆品、日用品、饮料等都各有自己的特点。包装图形也是包装设计中的重要因素，它具有直观性、真实性等特点，通常根据不同的产品采用具象图像、抽象图形、插画等来表达。包装色彩对于视觉的刺激最为主要，设计要考虑产品的性质来利用色彩营造所需要的功能性效果（图8-21、图8-22）。

包装版式设计要对文字、图形及色彩进行合理布局，以呈现产品的整体气质，提升产品的内涵，更好地满足消费者与产品之间的沟通。随着消费观念的变化，人们已不再只是纯实用价值的消费，因此，要求包装设计的版面不仅能传达消费信息，而且更重要的是在视觉和精神上给人以美的享受。

图8.21 包装设计

图8.22 包装设计

第四节 网页的版式设计

计算机网络是计算机技术和通信技术结合的产物。Internet中文译名为因特网,也称国际互联网，它使信息资源在国际间共享。www（world wide web）的中文名称为全球信息网，它是基于“超文本”技术，将许多信息资源连接成一个信息网，以方便用户在因特网上搜索和浏览信息的超媒体信息查询服务系统，是互联网的一部分。在www网站上，不仅可以传递文字信息，而且可以传递图形、声音、影像、动画等多媒体信息。每个网站都包含着许多画面，这些画面我们称之为网页。通过事先设计制作好的网页，发布到站点上，就可以在互联网上得到共享。

网页设计涉及图像、文字、图形、色彩、动画、视频和音效等多种元素。其设计在遵循传统版面设计的形式原理基础上，结合了视频、音频设计等形式，使网页设计在视听传播过程中达到更好的立体效果。网页具有的包容性几乎集合了所有媒体的优势，其视觉效果远远超过其他传统媒体，成为现代一种最重要的传播手段（图8-23、图8-24）。

进入网站的第一个画面称为主页（Home Page）。主页是网页版式设计中最重要的内容。网站主页设计得富有创意，其版面视觉效果则吸引读者视线，引导读者进一步浏览链接的网站信息内容。主页的版式千变万化。为此，网页的主页设计往往会根据主题采取自己富有个性的视觉方式，以体现自己的特点。一

图8.23 网页设计

个网站往往有不同的链接。多链接的网页编排设计要考虑页面之间的有机联系，特别是处理好页面与页面之间或页面内容与秩序的关系。每一个页面的版面设计要考虑到整体的视觉效果，以便使读者有流畅的视觉体验（图8-25、图8-26、图8-27）。

网页设计的字体选择对网页版式的效果起重要的作用。选择什么字体，要依据网页的总体设想和浏览者的需要而定。一般来讲，最适合于网页正文显示的字体为12磅左右，现在由于网页需要安排的内容较多，通常也采用9磅字号。较大的字体可用于标题或需要强调的地方，小的字体可以用于页脚和辅助信息。小字号容易产生整体感和精致感。另外，颜色的运用对整个网页的情感表达也会产生影响。在网页设计中，要遵循和谐、均衡和重点突出的原则，根据主题将不同的色彩进行组合优化。

网页设计还应考虑传输信息速度的问题。除去硬件和网速的原因，可利用图片尺寸、图片包含的颜色量、网页包含的数据量和编写代码方式等方法来缩短登陆时间。例如可采用小的图像、分散信息内容、增加分层和控制每一页上信息量等方式来减少登陆的时间。随着网络技术的发展，压缩图像软件的应运而生，可以在不影响画面质量的情况下，大幅度地压缩文件的容量。

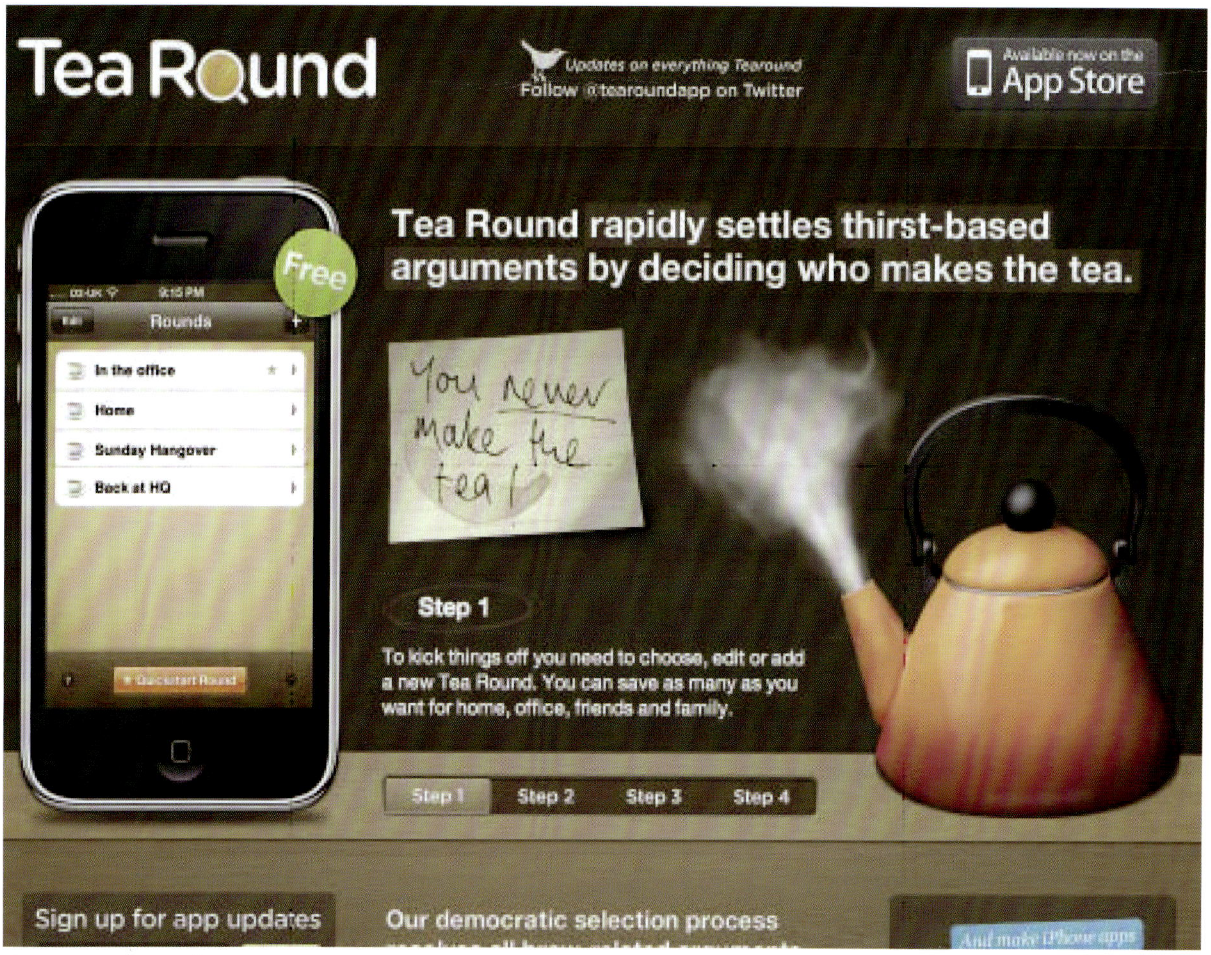

图8. 24 网页设计

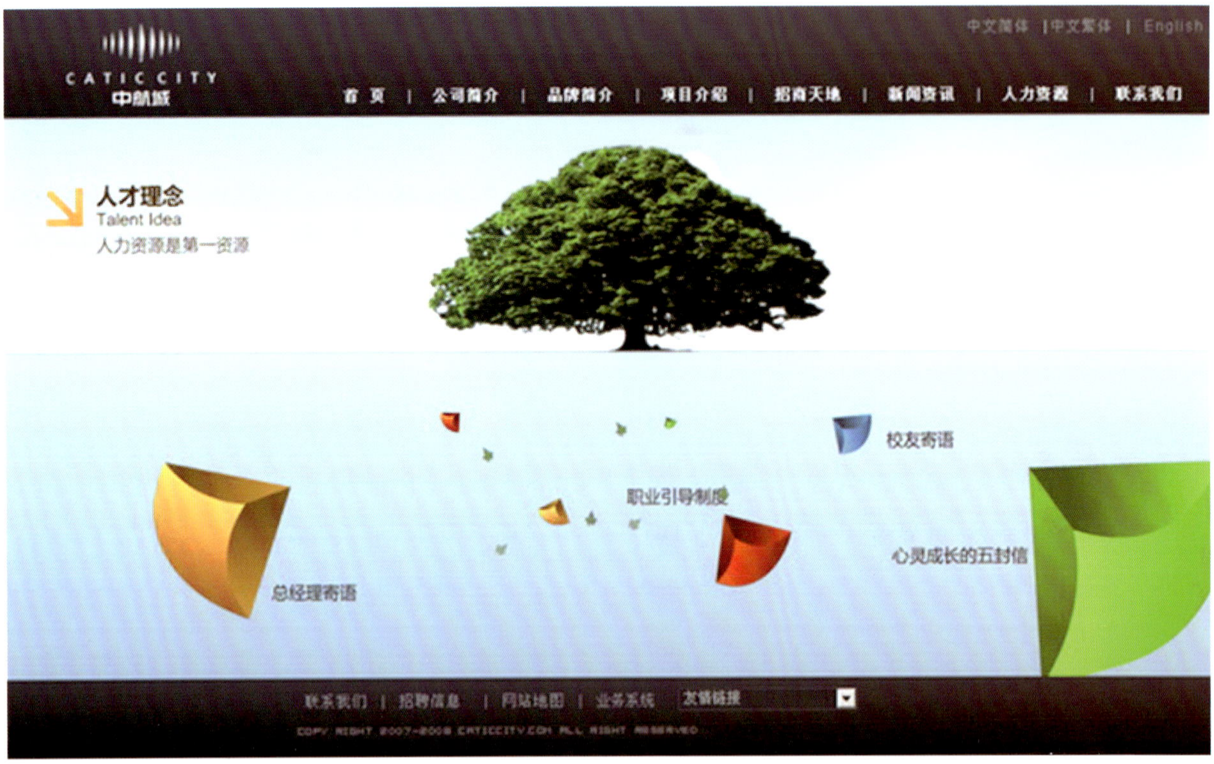

图8.25 网页设计

图8.26 网页设计

参考文献

[1] [俄]瓦里西·康定斯基. 点·线·面——抽象艺术的基础 [M].罗世平，译. 上海：上海人民美术出版社，1988.

[2] [日]佐佐木刚士.版式设计原理 [M].暴凤明，译. 北京：中国青年出版社，2007.

[3] 李克.平面构成方法论 [M].北京：中国文联出版社，2004.

[4] 吕敬人.书艺问道 [M].北京：中国青年出版社，2006.

[5] 王受之.世界现代平面设计史 [M].北京：新世纪出版社，1999.

[6] 高丰.中国设计史 [M].南宁：广西美术出版社，2004.

[7] 罗树宝.印刷之光 [M].杭州：浙江人民美术出版社，2000.

[8] 王汀.版面构成 [M].广州：广东人民出版社，2002.

[9] 苗红磊.现代包装设计 [M].成都：西南交通大学出版社，2010.

[10] 日本视觉设计研究所.版面设计基础 [M].张喆，译. 北京：中国青年出版社，2004.

[11] 潘公凯，卢辅圣.现代设计大系：视觉传达设计 [M].上海：上海书画出版社，2000.